/ 河北省第三次土壤普查系列丛书 /

TURANG ZHUYAO SHENGWU DIAOCHA YU TURANG JIANKANG

土壤主要生物调查与土壤健康

王 凌 刘 蕾 刘萌萌 等 主编

中国农业出版社
北 京

河北省第三次土壤普查系列丛书

丛书编委会

本书编委会

主　编： 王　凌　刘　蕾　刘萌萌　刘克桐

副主编： 王　策　田晓帆　肖广敏　孙世友　李　亚　茹淑华　张　培　杨　洪　李博文

参　编（按姓氏笔画排序）：

于宝海　马记良　王　正　王　苏　王　凌　王　策
王玉秀　王译萱　王玲欣　王艳敏　王雪晴　王瑞文
牛力强　毛亚楠　巴玉环　艾　芳　卢萍萍　白云燕
司峻宇　朱　兵　刘　义　刘　朋　刘　磊　刘　蕾
刘明美　刘晓丽　刘萌萌　刘鑫融　孙世友　孙志军
杜沂骏　李　亚　李　涛　李　腾　李　玭　李龙江
李向前　李旭光　李建军　李洪波　李海峡　李娟茹
李博文　李朝玉　李翔宇　李慧卿　杨　扬　杨天蕊
肖广敏　吴泳泽　何　煦　张广辉　张文勇　张仕先
张立娇　张江周　张作新　张国印　张建发　张树明
张俊伶　张晓旺　陈利国　金哲石　孟燕辉　赵会薇
赵英男　赵欧亚　胡小鹏　茹淑华　郜　静　段霄燕
侯利敏　郗悦平　骆冬洁　聂晨辉　贾　莹　高　倩
高建勇　浦玉朋　常苑苑　崔园园　梁　笛　董　静
焦玉敏　谢　静　谢斌乐　窦　菲　樊洪利　潘丽佳

前言
FOREWORD

土壤是地球环境中微生物多样性最高、物种最丰富的环境，土壤中宏观的生物不仅包含动物、植物，每克土壤中更可能含有高达800万个不同的微生物物种，微生物数量达1亿～10亿个。它们对于土壤的形成发育、肥力演变和生态系统中的物质循环及能量流动有着重要的影响。

学术界对宏观生物（如动物、植物）的研究发现，其分布具有明显的地域性，提出了一些动植物地理分布的理论和假说，例如，动植物多样性随纬度和海拔增加不断降低或呈单峰模式等。生物的分布格局反映了生物之间以及生物与环境之间的相互关系，与"尺度"一起被称为生态学研究的核心问题，同时也是生物地理学的基石。然而，目前对于土壤微生物的认知十分有限，90%以上的土壤微生物尚不为人所知。定向挖掘并调控土壤生物功能，为工业、农业和医药等行业服务，已成为国际研究前沿。探寻土壤微生物的地理分布格局则成为发掘和利用土壤微生物资源的重要前提。在不同时间和空间尺度下，土壤微生物是如何分布的？对这些问题的研究有助于深刻理解地球上生物多样性产生以及保持机制（如物种形成、消失、扩散、种间相互作用等），是亟待解决的前沿科学热点问题之一。

21世纪以来，随着高通量测序、基因芯片等技术的突破与应用，高通量测定不可培养土壤微生物的群落组成和功能多样性成为可能。本书以调查植物生长旺盛期土壤微生物群落以及线虫和蚯蚓等动物群落的多样性及其生物功能为目标，开展包括对土壤生物群落的生物量、活性、物种和功能多样性、重要功能种群组成的调查，为第三次全国土壤普查、摸清土壤质量与土壤健康管理及评价的生物学性状数据，以及土壤生物的空间分布规律及其驱动机制研究，提供生物学、地理学、生态学和农学等多学科交叉的科学研究依据。

感谢第三次全国土壤普查河北省专项、“十四五”国家重点研发计划“华北麦玉两熟区生物障碍消减与健康土壤培育技术模式及应用”（2022YFD1901300）项目，以及河北省农林科学院科技创新专项（2022KJCXZX-ZHS-9）的资助。由于编者水平有限，加之时间紧张，书中疏漏之处在所难免，敬请读者批评指正。

编　者

2023年4月于石家庄

目录
CONTENTS

第一章 主要土壤生物与土壤健康概述

土壤作为地球关键带的核心组成部分，其健康与大气、水环境质量密切相关，决定着植物、动物和人类的健康，同时也是保障绿色农业高质量、可持续发展和支撑乡村振兴的重要基础。

土壤生物是指在土壤中生活的微生物和动物的总体，包括细菌、放线菌、真菌、藻类、原生动物、后生动物等。土壤生物群落是在一定的土壤区域环境和一定的时间范围聚集的各种生物种群的集合，其基本特征包括群落的空间结构、时间组配和种类结构、群落物种多样性、相对丰度、优势种、营养结构等。

土壤健康是指在生态系统和土地利用的范围内，土壤能持续作为有生命的系统维持生物生产力，保持空气和水环境质量，促进植物、动物和人类健康的能力。

土壤生物与土壤健康息息相关，土壤生物多样性和功能能够灵敏反映人类活动和气候变化引起的土壤扰动。同时，土壤生物还通过与生物和非生物组分间的相互作用对地上生态系统产生反馈作用。土壤生物对土壤健康有重要的指示作用。未来应建立和完善土壤动物基因组信息数据库，挖掘土壤动物的功能性状，加强土壤食物网结构和生态功能的研究，建立集成土壤动物物种多样性、功能性状和土壤食物网的指标体系，从而促进土壤健康和生态系统的可持续发展。

基于上述重要意义设定和第三次全国土壤普查的总体目标，本书针对主要土属、气候类型、地形条件和土地利用方式，通过调查植物旺盛期土壤微生物、蚯蚓和线虫的生物量及多样性和功能，来评价重要土种的土壤质量和土壤健康状况。

第一节　土壤微生物

一、土壤微生物概述

土壤微生物是使土壤具有生命力的主要成分，与土壤肥力及土壤健康有着密切关系，在土壤形成与发育、物质转化与能量传递等过程中发挥着重要作用，是评价土壤质量的重要指标之一，也是工业、农业、医药和环境用菌的重要来源。土壤微生物学是研究土壤中微生物种类、数量、分布、生命活动规律及与环境关系的基础学科，包括土壤微生物的生命活动及对土壤肥力、植物营养和生态环境的影响，涉及微生物的形态结构、分类鉴定、生理生化和生长繁殖等微生物学基本内容，同时也包括生物化学和分子生物学等方面内容。研究方法可大致分为以纯培养技术为代表的传统研究方法和以分子生物学为特色的现代研究方法。

土壤微生物是土壤中一切肉眼看不见或看不清楚的微小生物的总称，严格意义上应包括细菌、古菌、真菌、病毒、原生动物和显微藻类。土壤微生物学的研究对象包括森林、草原、农田、湿地和苔原等所有陆地和浅水域底部的土壤，主要研究自然、干扰或胁迫条件下土壤微生物的群落结构、种群消长、生理代谢、遗传变异、演替规律及与土壤生态功能的关联，尤其是环境变更或管理分异条件下土壤质量的微生物学监测、评价与调控，以及土壤微生物种质资源的开发与应用。土壤是微生物生长和繁殖的天然培养基，被誉为微生物的大本营。土壤微生物资源在自然界中丰富多样，研究技术难度大、方法要求高，主要研究角度包括土壤微生物多样性、土壤微生物过程以及土壤微生物与环境的关系。

二、土壤微生物的生物功能

土壤是自然界物质循环的重要基地，而土壤微生物是土壤中物质转化的动力，如固氮作用、硝化作用、反硝化作用、纤维素分解作用、腐殖质分解和合成作用，磷、硫、铁以及其他元素的转化等。相同的微生物种群可以行使不同的土壤功能，相同的土壤过程也可以由不同微生物种群完成。此外，土壤酶是土壤新陈代谢的重要因素，它与生活着的微生物细胞一起推动着物质转化。在碳、氮、硫、磷等元素的生物循环中都有土壤酶的作用。因此，了解土壤微生物的活动状况以及酶活性等，具有一定的生产实践意义。

土壤微生物功能即微生物的作用。目前有关土壤微生物过程强度和土壤酶的研究，日益受到广泛重视。随着分析仪器的发展，其研究在分析手段上亦有所进步，虽仍不尽完善，但可以反映出土壤中所进行的生物化学过程的相对强度。当然，土壤微生物学的基本内容是研究土壤中微生物的生命活动规律，如果只研究微生物纯培养，即使能够把土壤中的微生物种类全部分离出来，也只能获得一套不能说明它们在土壤中活动规律的菌种。因此，原位研究方法是了解土壤微生物作用的生物化学过程及其强度的重要手段。具体内容详见后文。

三、土壤微生物多样性

土壤生态系统是土壤生物与其周围环境所构成的自然综合体，生物与环境之间既相互依赖、彼此制约，又相互作用、往复调控。土壤微生物多样性是土壤生态系统的一个基本生命特征，指土壤生态系统中所有的微生物种类拥有的基因以及这些微生物与环境之间相互作用的多样化程度。土壤微生物多样性包含基因、物种、种群以及群落四个层面，当前研究也主要集中在物种多样性、功能多样性、结构多样性及遗传多样性四个方面。

土壤微生物的物种多样性是指土壤生态系统中微生物的物种丰富度和均一度，主要是从分类学、系统学和生物地理学角度对一定地域内物种的现状进行研究，这是微生物多样性的直接表现形式。自然界中绝大多数的微生物种群尚未被分离培养或描述过，目前主要通过培养基最大限度地培养各种菌落，由此了解土壤中可培养的微生物种群。

土壤微生物的功能多样性是指土壤微生物群落所能执行的功能范围以及这些功能的执行过程，对自然界元素循环具有重要意义，如分解功能、营养传递功能以及促进或抑制植物生长的功能等，目前一般采用底物诱导下的代谢响应模式测算土壤微生物群落的代谢功能多样性。正是由于微生物具有多种多样的代谢方式和生理功能，因而可以适应各种不同的生态环境，并以不同的生活方式与其他生物相互作用，从而构成了地球表面丰富多彩的生态体系。

土壤微生物的结构多样性是指土壤微生物群落在细胞结构组分上的多样化程度，这是导致微生物代谢方式和生理功能多样化的直接原因。生物标记物分析法通过提取和分析用作不同类群标记性指纹的生化组分或胞外产物来获取微生物群落组成和结构多样性信息。因为不同菌群的特征图谱不同，在高度专一性基础上又具有多样性，所以标记物的组成变化能够说明微生物群落结构的变化，从而可以对土壤微生物群落进行识别和定量描述。

土壤微生物的遗传多样性是土壤微生物在基因水平上所携带的各类遗传物质和遗传信息的总和，这是微生物多样性的本质和最终反映。与高等生物相比，微生物在基因水平上的多样性更为突出，不同种群间遗传物质和基因表达具有很大差异。根据研究手段不同，微生物遗传多样性一般表现在基因组大小和基因数目的多样性、遗传物质化学组成和 DNA 序列的差异、rRNA 的基因序列差异以及由基因序列所揭示的遗传背景多样性等方面。

土壤是挖掘微生物资源的重要基地，对于人类在粮食、能源、资源和环境等方面危机的缓解具有全球性的重大意义。土壤微生物的应用研究具有巨大潜力：首先，微生物在生物圈的维持中发挥着中枢作用，是地球生物化学循环的主要推动者，可用于环境变化监控和污染治理；其次，极端环境微生物的研究可为人类了解和探索生命的策略与极限以及超常物质的开发提供资源，在生物技术领域（如开发抗菌、抗肿瘤的产品）亦极具价值；再次，微生物在高等生物的保护和生态恢复中起着重要作用，如菌根真菌可以帮助植物在土壤中成功定植，实现目标地区的森林再造或土壤修复；最后，微生物在地球上起源早，具有独特的交叉反应且容易操作，可作为阐明生态演化和生物进化原理的模式种群。

四、土壤微生物生物量

土壤微生物生物量是指土壤中个体体积小于 5 000 μm^3 的活微生物总量，包括土壤微生物生物量碳、氮、磷、硫等，其中以碳最为关注，氮次之。微生物生物量的测定除了用分离培养法或直接镜检法测算土壤微生物的数量，然后根据各类微生物的密度折算为菌体质量外，最常用的方法是生物化学方法，包括测定微生物细胞体降解产生 CO_2 的量或菌体中某种组分的量等来计算微生物生物量，如氯仿熏蒸法、腺苷三磷酸（ATP）测定法、几丁质含量换算法以及磷脂脂肪酸分析法等。其中，磷脂脂肪酸分析法根据不同微生物类群细胞膜上含有不同的磷脂脂肪酸，而且它的含量与微生物生物量具有一定的比例关系，因此可以通过测定各类磷脂脂肪酸的含量，从而获得相应微生物类群的生物量。

土壤微生物生物量碳虽然只占土壤有机碳的 1%～4%，但占微生物干物质的 40%～45%，是反映土壤微生物生物量大小的重要指标，也是土壤有效养分重要的源和汇，其容量受环境条件以及施肥、耕作、栽培等农艺措施的影响。

土壤微生物生物量氮一般占土壤全氮的 2%～7%，是土壤中有机—无机氮转化的一个关键环节。

土壤微生物生物量磷是指土壤中所有活微生物所含有的磷，通常占微生物干物质的 1.4%～4.7%，是土壤磷库和植物磷素营养的重要来源。

随着土壤微生物生物量碳、氮、磷方法的建立，熏蒸提取法被应用于土壤微生物生物量的测定研究。氯仿熏蒸法根据操作步骤的不同又可分为熏蒸培养法（fumigation - incuba - tion method，FI）和熏蒸浸提法（fumigation - extraction method，FE），因为熏蒸浸提法所获土壤浸提液可以使用碳自动分析仪测定，并可同时用于土壤微生物生物量氮的测定，而且实验耗时相对较短，测定方便，因而目前使用得最多、最广泛。

五、土壤酶活性

土壤作为“类生命体”，几乎所有的生物化学反应都是由酶驱动的。土壤酶包括存在于活细胞内的胞内酶和存在于土壤溶液中或吸附在土壤颗粒表面的胞外酶，主要来自微生物细胞，也可以来自动植物残体。土壤中累积的酶类型很多，已知的可分为氧化还原酶类、转移酶类、水解酶类和裂解酶类等，每一类中又有许多种，其主要类型及功能见表 1-1。

表 1-1　土壤酶主要类型及功能

酶类编号	名称	功能
氧化还原酶		
1.1.1.1	脱氢酶	$XH_2+A \longleftrightarrow X+AH_2$
1.1.3.4	葡糖氧化酶	葡萄糖$+O_2 \longleftrightarrow$葡萄糖酸$+H_2O$
1.7.3.3	尿酸氧化酶	尿酸$+O_2 \longleftrightarrow$尿囊素$+CO_2+$其他产物
1.7.99.4	硝酸还原酶	$NO_3^- \longleftrightarrow NO_2^-$
	固氮酶	$N_2 \longleftrightarrow 2NH_3$
1.10.3.2	漆酶	苯酚$+O_2 \longleftrightarrow$苯醌$+H_2O$
1.10.3.3	抗坏血酸氧化酶	抗坏血酸$\longleftrightarrow$脱氢抗坏血酸
1.11.1.6	过氧化氢酶	$2H_2O_2 \longleftrightarrow 2H_2O+O_2$
1.11.1.7	过氧化物酶	还原态有机物$+H_2O_2 \longleftrightarrow$氧化态有机物$+H_2O$
1.12.7.1	氢化酶	$H_2 \longleftrightarrow H_2O$
1.14.18	酚氧化酶	苯酚$+1/2O_2 \longleftrightarrow$苯醌$+H_2O$
转移酶		
2.4.1	糖基转移酶	$n\,(C_{12}H_{22}O_{11})+HOR \longleftrightarrow H\,(C_6H_{10}O_5)+OR+n\,(C_6H_{12}O_6)$
2.6.1	氨基转化酶	$R_1R_2—CH—NH_2+R_3R_4CO \longleftrightarrow R_1R_2—CO+R_3R_4—CH—NH_2$

（续）

酶类编号	名称	功能
2.8.1.1	硫氰酸酶	$S_2O_3^{2-}+CN \longleftrightarrow SCN^-+SO_3^{2-}$
水解酶		
3.1.1.3	脂肪酶	甘油三酸酯⟷甘油＋脂肪酸
3.1.3.1	酸性磷酸酶	磷酸酯＋$H_2O \longleftrightarrow ROH+H_3PO_4$
3.1.3.2	碱性磷酸酶	磷酸酯＋$H_2O \longleftrightarrow ROH+H_3PO_4$
3.1.4	焦磷酸酶	焦磷酸盐＋$H_2O \longleftrightarrow 2PO_4^{3-}$
3.1.6.1	硫酸酯酶	硫酸酯＋$H_2O \longleftrightarrow ROH+H_2SO_4$
3.2.1.1	淀粉酶	α-1,4-葡聚糖键的水解
3.2.1.4	纤维素酶	β-1,4-葡聚糖键的水解
3.2.1.6	葡聚糖酶	β-1,3-葡聚糖键的水解
3.2.1.8	木聚糖酶	β-1,4-木聚糖键的水解
3.2.1.14	几丁质酶	
3.2.1.20/21	葡萄糖苷酶	α-或β-葡聚糖苷⟷ROH＋葡聚糖
3.2.1.22/23	半乳糖苷酶	α-或β-半乳糖苷＞ROH＋半乳糖
3.2.1.26	转化酶/蔗糖酶	蔗糖⟷葡萄糖＋果糖
3.4	蛋白酶	蛋白质水解
3.5.1.1	天冬酰胺酶	天冬酰胺⟷天冬氨酸＋NH_4^+
3.5.1.2	谷氨酰胺酶	谷氨酰胺⟷谷氨酸＋NH_4^+
3.5.1.4	酰胺酶	单羧酸酰胺＋H_2O⟷单羧酸＋NH_4^+
3.5.1.5	脲酶	尿素⟷$2NH_3+CO_2$
3.5.4.4	腺苷脱氨酶	腺苷⟷NH_4^+＋次黄嘌呤核苷
裂解酶		
4.1.1	氨基酸脱羧酶	天冬氨酸⟷丙氨酸，谷氨酸⟷γ-氨基丁酸

注：R 表示烷基、芳基或糖基，XH_2 表示氢供体有机化合物，A 表示氢受体。

六、土壤微生物的原位观察

土壤微生物学的基本内容是研究微生物在土壤中的生命活动规律，所以研究土壤微生物活性以原位观测为佳，微生物个体生态学研究如果不采用原位研究技术就很难达到目的。由于实验技术上的困难，诸多研究长期以来难以达到原位测定的要求。目前除进行土壤微生物的显微观察以及微生物区系特别是根际的原位观测外，不得不采用一些模拟装置，以便在尽可能接近自然条件的情况下进行研究。从某种意义上说，模拟体系是研究微生物转化某一特定基质或研究影响微生物活性的环境条件所必不可少的研究手段。但模拟绝不是拼凑，更不是多种微生物的混合培养，它具有自然真实性，是大自然生态系统的一个缩影，并尽可能接近自然状况下生态系统的正常结构和功能。当然，缩影方法也不是简单地把自然小样本搬到实验室研究，有时需要对某些次要环境因素做简化或舍弃，但在主要方面仍保持高度的真实性。近年来，稳定同位素示踪技术和稳定同位素核酸探针技术在土壤微生物原位研究中有了较大的发展。据此，本部分将依次介绍土壤微生物的观察、模型生态系统以及稳定同位素技术的应用。

（一）土壤微生物的观察

土壤微生物的观察是认识土壤微生物的关键手段之一，也是从个体形态和细胞结构层面开展土壤微生物原位研究的重要手段。土壤是一种复杂的有机-无机复合体，为了对土壤微生物获得更为全面的认识，需要采用不同的方法观察附着于土壤颗粒上的微生物，常用方法如微生物细胞的观察、微生物区系的观测以及根际微生物作用的检查。在土壤-植物生态系统中，根际微生物与植物相互作用规律的观察与研究对农业生产实践具有非常重要的指导意义。

（二）根际微生物的观测

1. 植物根系与微生物相互作用检查法　除生活在土壤中的微

生物以外，有些微生物也可以侵染植物根部。以下介绍的是一种可以观察微生物侵染早期根表变化情况的方法。此法亦可用于观察根毛与根瘤菌之间的相互关系。

（1）材料试剂。

① 载玻片、盖玻片、25 mL 玻璃管（39 mm×125 mm）若干。

② 无氮植物营养液：0.1 g $CaCl_2$，0.12 g $MgSO_4 \cdot 7H_2O$，0.1 g KH_2PO，0.15 g Na_2HPO，0.005 g 柠檬酸铁，微量的 Mn、Cu、Zn、B、Mo，溶于 1 L 水中，最后 pH 应为 6.5。

③ 质量分数为 95%的乙醇溶液、2 g/L 甲醛溶液、2 g/L 升汞溶液、3～4 g/L 琼脂溶液。

④ 发芽 2 d 后的植物种子若干粒。

（2）操作方法。

① 发芽植物种子的准备：将供试的种子，用质量分数为 95%的乙醇溶液、2 g/L 的甲醛溶液以及 2 g/L 的升汞溶液进行连续表面消毒，再用蒸馏水反复洗涤数次。将种子放在无菌水内发芽（室温），2 d 后移至载玻片上。

② 植物营养液的准备：植物营养液分装在 25 mL 玻璃试管中，塞上棉塞，121 ℃灭菌 20 min。

③ 具体操作：在载玻片的一侧滴加 6～7 滴含有琼脂的植物营养液，静置片刻后，将已发芽的植物种子根尖置于琼脂内，盖上盖玻片。然后将此载玻片垂直放入盛有植物营养液的试管内，并加入几滴根瘤菌悬液。将试管置于 25 ℃、有光照的条件下培养，经一定时间后进行观察。观察前取出载玻片，先用灭菌滤纸吸去多余的溶液，再用相差显微镜镜检。每次观察后及时记录，连续观察一定时间后即可推测根毛与根瘤菌间的相互作用规律。

2. 根系观察箱法　为了直接观察植物根际微生物的发育，可应用玻片丛生法。将玻片置于特殊的根系观察箱内，使生长的植物根系铺展在玻片上，使之显出痕迹，然后进行镜检。

（1）材料试剂。玻璃根系观察箱（宽 5～6 cm、高 20～25 cm、长 30 cm，任何一边均可方便拆除）、载玻片。

（2）操作方法。将玻璃根系观察箱内装满土壤或石英砂，栽培植物。为了使植物根系能紧贴于玻璃箱的玻壁生长，应将玻壁倾斜放置，倾斜角度为 40°～45°。根系由于地心引力作用，呈垂直方向，触及玻壁而紧贴于玻壁表面生长。在箱内壁不同深度安置载玻片。经一定时间后，取出长满根系的载玻片，弃去根系，染色或不染色，在显微镜下观察根系遗留在载玻片上的痕迹，用于确定根区微生物的分布状况。

（3）根际装置。根际是特殊的生态环境，根际中物质转化及其去向不同于非根际土壤。因此，对该活跃区养分转化的研究至关重要，需要特定的装置。下文将介绍涉及第三次土壤普查小麦-玉米轮作体系中，根际固氮作用和反硝化作用的装置。

主要包括：土壤微生物呼吸、植物根系呼吸、土壤有机质的分解以及土壤动物的呼吸。此外，含碳矿物质的化学氧化作用也可能产生 CO_2。精确测量 CO_2 通量是土壤呼吸研究的前提。但是，CO_2 的传输只有在存在浓度梯度和压力梯度的条件下才会发生。而土壤是一种非常复杂的介质，其组成具有强烈的时空变异特性，CO_2 在复杂土壤介质中的传输特性使得精确测量土壤原位呼吸强度非常困难。

目前原位测定土壤呼吸最常用的是气室法，即通过在土壤表面直接测定 CO_2 通量，结合是否有穿过气室的空气循环，来推测土壤 CO_2 排放强度。气室技术又分为动态法和静态法。动态气室法允许空气在气室和传感器之间循环以测量气室内 CO_2 浓度随时间的变化量，传感器通常为红外气体分析仪（infra - red gas analyzer，IRGA）。目前在野外条件下最常用的方法是封闭式动态气室法（closed dynamic chamber，CDC）和开放式动态气室法（open dynamic chamber，ODC），前者把土壤表面完全封起来，测量短时间内气室内 CO_2 浓度的变化；后者采用连续通风的近稳态模式进行测量，测定流过的空气中 CO_2 浓度的微小变化（表 1 - 2）。

表 1-2　土壤原位呼吸测定方法比较

方法	原理	优点	缺点
开放式动态气室法	入口和出口之间 CO_2 的浓度差	如果没有人为干扰，测量的精确度很高，并具有较高时间分辨率；可连续稳定地测量	对气室内外的压力差比较敏感；气室内达到稳定状态所需时间较长；需要电力供应；需要差分的气体分析仪和质量流量控制器
封闭式动态气室法	通过气室内 CO_2 浓度增加而形成时间梯度	使用便携式系统，采样地点灵活、适用范围广，能够比较准确测定 CO_2，适用于测定瞬时和整段时间 CO_2 的排放速率	设备比较昂贵，气室内 CO_2 浓度增加改变扩散梯度，空气流通速率和气室内外的压力差对测定造成负面影响
封闭式静态气室法	用碱液或碱石灰吸收	设备简单，费用低，易在野外操作，有利于多次重复测定，并可将样品带回实验室分析；可全面测量日变化，样品可带回实验室分析	CO_2 浓度增加对扩散过程的影响会降低测量精确性；长时间的封闭/暴露引起室内微环境的改变，并易产生边缘效应；土壤呼吸速率低的情况下，测定的结果比真实值高，在土壤呼吸速率高的情况下测定的结果比真实值偏低
微气象法	依据气象学原理测定气体排放通量，如涡流中的 CO_2 混合比	不受生态系统类型限制，无破坏性，对土壤系统几乎不造成干扰；在自然湍流条件下测定，可代表大的空间异质性，适合测定大尺度 CO_2 排放量	要求土壤表面的异质性和地形条件相对简单，测定土壤 CO_2 排放的准确度很大程度上受到大气、土壤表面和仪器设备的影响；大气风向可能发生昼夜变化，造成一定误差；很难区分不同来源的土壤呼吸强度

（三）稳定同位素技术在土壤原位观察中的应用

构成生命的基本元素几乎都具有相应的同位素。与放射性同位素相比，稳定同位素安全、无污染且易控制。由于元素与其同位素的物理化学性质基本一致，自 20 世纪 20 年代以来，稳定同位素示踪技术极大地推动了生命科学发展（如著名的 DNA 半保留复制试验）。近年来，稳定同位素示踪技术在生态学领域的应用得到迅猛发展，从大尺度（如较长时间尺度上土壤有机质周转速率）到小尺度（如微生物驱动生态过程的同位素分馏效应），再到微尺度（如稳定同位素标记自然环境中微生物核酸 DNA/RNA），稳定同位素示踪技术得到广泛关注和应用。

1. 稳定同位素示踪技术 目前元素周期表中元素已达 100 多种。原子是构成各种元素的基本单位，由带正电荷的原子核和带负电荷的电子组成，其中原子核又由质子和中子组成。元素的化学性质及在周期表的位置由质子数决定。在由中子和质子组成的原子核内，质子数相同、中子数不同的这一类原子称为同位素。它们在周期表中占有同一位置，化学行为几乎相同，但原子质量或质量数不同，从而其质谱行为、放射性转变和物理性质（例如在气态下的扩散能力）有所差异。同位素的表示是在该元素符号的左上角注明质量数（质子数与中子数之和）。根据物理特性，同位素可分为放射性和稳定性两种形式。放射性同位素如 ^{3}H、^{14}C 经历自身的衰变过程并放射出辐射能，具有物理半衰期。尽管放射性同位素在放射治疗医学、影像医学和生命科学研究中得到了广泛应用，但由于它的辐射会对人体产生潜在的不良作用，其应用受到了严格限制。稳定同位素如 ^{13}C、^{15}N 无放射性，物理性质稳定，以一定比例存在于自然界，对人体无害。随着分析测试手段的不断发展，近年来稳定同位素示踪技术在科学研究中得到了广泛使用。

除磷以外，几乎所有具有生物学意义的元素如碳、氢、氧、氮和硫等均存在两种，甚至几十种以上的稳定同位素形式，即具有相同质子数，但中子数不同，且不具放射性。磷的同位素已发现的共有 13 种，包括从 ^{27}P 到 ^{39}P，其中只有 ^{31}P 最为稳定，其他同位素都具有放射性。通常认为一种元素的同位素在物理学、化学和生物学方面的性质是相同的，但同时具有不同的核物理性质。所以，某元素的任一同位素形式（不论放射性还是稳定性）及其构成的化合物，与自然界存在的相应元素及其化合物具有基本相同的物理、化学和生物学性质。这就是医学、生命科学和农学等研究中利用同位素示踪法的基本原理。然而，严格来讲，一种元素的各种同位素之间与自然界普遍存在的相应元素本身的物理化学性质实际上并不完全相同，尤其是原子量较小的元素，其同位素之间的原子质量差异较大。例如，^{2}H 是 ^{1}H 的两倍，^{3}H 是 ^{1}H 的三倍，三者在物理学、化学及生物学的性质上表现出一定的差异，这种由同位素不同而引起性质差异的现象泛称为同位素效应。质谱分析技术的快速发展，使得同位素效应在生命科学中得到广泛应用。例如，C_4 和 C_3 植物的 $\delta^{13}C$ 值分别为－12‰和－27‰，根据土壤有机碳稳定同位素自然丰度 $\delta^{13}C$ 的变化规律，研究者即可推测 C_4 和 C_3 植物对土壤有机质周转速率的影响规律。

2. 稳定同位素核酸探针技术 据估算，现有技术条件下，每克土壤中最多含有 100 亿个微生物个体、100 万种不同的微生物（Gans et al.，2005），因此，从这些难以计数的土壤微生物中原位鉴别重要生态过程的微生物驱动者，单就技术角度而言，在 20 年前仍是难以想象的（Schmidt，2006）。然而，采用近年来得到广泛关注的稳定同位素核酸探针技术（Radajewski et al.，2000），可以利用稳定同位素示踪复杂环境中的微生物核酸 DNA/RNA，在分子力水平鉴定生态系统重要过程的微生物驱动者。

七、土壤微生物与土壤健康

土壤微生物与环境以及土壤健康之间有着千丝万缕的联系。土壤微生物受土壤营养状况、pH、质地、温度、水分和通气性等的影响，环境变化或管理分异会导致土壤微生物多样性及其生态功能的变化。例如，人类活动对环境影响巨大，同时人类也正面临着严峻的全球气候变化，如气候变暖、森林面积锐减、土地退化等。土壤微生物在陆地生态系统元素循环中起基础作用，环境变化势必会对此造成影响。如大气 CO_2 浓度升高可能通过影响植物生长而间接影响土壤微生物，如增加根系生物量和根际沉积物、改变根系分泌物的化学组成等，进而影响土壤微生物群落，以致影响由微生物所调控的多个土壤过程；当 CO_2 浓度升高时，土壤微生物也会反过来作用于陆地生态系统的结构和功能，包括温室气体（如 CH_4、N_2O）排放等。

当然，土壤微生物也会因人类对土壤的管理利用而发生变化。例如，耕作可造成土壤团聚体的分裂和表层土壤中有机质的损耗，免耕土壤的微生物生物量和功能多样性往往高于传统耕作土壤，而轮作可能比采用单一性栽培的保护性耕作更有利于维持土壤微生物多样性及活性，并可抑制在单一栽培系统中易繁衍的有害微生物并提高农作物产量。另外，施用有机肥也有利于维持土壤微生物多样性及活性，施用无机肥的影响则因肥料种类、施用方式、土壤类型及利用方式等复杂因素的干扰而不同。综合而言，耕作可能会对土壤微生物造成不利影响，进而影响农业生态系统的可持续性，而施肥可能对此有调节作用。

当前，微生物学面临的最大挑战是微生物系统发育与生态功能之间的耦合问题。土壤微生物多样性与功能之间的耦合很大程度上仍然是未知的。譬如，研究认为土壤微生物多样性可以影响生态系统的稳定性、生产力以及应对压力与扰动的恢复力，但其影响过程尚不十分明确。目前一般通过 PLFA 图谱与底物利用能力（BIOLOG）及酶活性联结土壤微生物的群落结构与生态功能，虽然 PLFA 包含了群落的全体组分，但 BIOLOG 只能反映少数适宜在微平板培养基上生长的微生物，即通过微生物群落对选择性培养基或刺激物的反应来测定代谢活性，所以不能反映实际状态。尽管宏基因组学通过基因序列及其特征表达提供了一些功能信息，但仍需要联合其他方法来发现和判定土壤中的功能菌群，如现在比较熟悉的氨氧化细菌、反硝化细菌、甲烷氧化菌等。

功能基因组学（functional genomics）也称后基因组学（post-genomics），它利用结构基因组所提供的信息和产物，发展和应用新的实验手段，通过在基因组水平上全面分析基因的功能，使得生物学研究从对单一基因或蛋白质的研究转向对多个基因或蛋白质同时进行系统研究。显然，这是在基因组静态的碱基序列弄清楚之后转入对基因组动态的生物功能学研究，包括基因功能发现、基因表达及突变检测等。功能基因组学采用的经典手段包括减法杂交、差示筛选、cDNA代表差异分析以及mRNA差异显示等，但这些技术不能对基因进行全面系统的分析，迫切需要发展新技术，包括基因表达的系统分析（serial analysis of gene expression，SAGE）、cDNA微阵列（cDNA microarray）以及DNA芯片（DNA chip）等。

随着新方法和新技术的发展，可以从全新的视角审视微生物系统发育和生态功能之间的联系，土壤微生物多样性研究应不断设计和探索更加准确、简单、可视或可读性强的研究方法，并加强分子生物学不同方法之间的联结及与传统研究方法的有机结合。此外，土壤微生物功能多样性与土壤功能关系密切，土壤微生物功能多样性是土壤功能的保证，同时也是恢复土壤功能的基础，因而应当加强对土壤微生物功能多样性和功能群的研究。迄今为止，研究较多的功能多与C、N、S等元素的物质循环和污染物降解过程相关，而其他生态过程（如P循环等）的相关功能研究则很少。土壤微生物研究需要将功能多样性放到更加突出的位置，在物种尺度之上更强调功能群的划分，围绕某一土壤生态功能群开展研究正成为土壤微生物多样性研究的重要趋势。

同时，土壤污染是人类面临的重要环境问题，当各种各样的污染物进入土壤环境后，会间接地危及微生物，或进入微生物体直接产生危害。该危害既可以在物种和群落的生态水平上发生，也可以在基因和遗传的分子水平上发生，还可以在生理和代谢的细胞水平上发生。这不仅取决于土壤污染发生的类型、污染的方式以及污染物的种类、特性、浓度、时间等，也取决于土壤中微生物的群落结构、抗逆特性及其基因稳定性和易变性等。土壤是微生物的大本营，土壤污染必然会对土壤微生物及与之紧密联系的土壤生态功能造成极为严重的损害。

土壤微生物的应用技术推动土壤健康的发展。自 18 世纪后半叶的产业革命以来，人类开始从农耕经济时代迅速进入工商经济时代，却在客观上开创了一个大规模掠夺地球资源和破坏大自然环境的时代。今天，人类面临着能源紧缺、资源耗竭、粮食危机、人口剧增、生态恶化等五大危机，而最迫切的任务就是修复已遭破坏的地球，保持人与自然的和谐相处，坚持走经济与社会协调可持续发展的道路。微生物由于具有物种多样、高比面值、强转化力、低耗高产轻污染以及适合大规模培养等优点，在解决上述危机中可发挥不可替代的作用。因此，现代微生物学的发展具有旺盛的生命力，特别是在分子生物学的推动下，一方面通过不断向纵深方向发展，从而开拓了许多崭新的基础学科，如微生物基因组学、生物信息学等，另一方面通过学科间的横向渗透、交叉、融合，正在发展出一些有旺盛生命力的交叉学科和边缘学科，而通过新技术新方法的应用以及与生产实践的紧密结合，一批新的应用性微生物学科也在形成。

土壤微生物在保持土壤健康以及生态系统可持续性中发挥极其重要的功能，作为一种重要的资源被长期应用于农业生产的各个领域，特别是以微生物肥料、微生物农药等为代表的新型农业技术近年来取得了长足进步。此外，微生物降解污染物的巨大潜力在控制环境污染、修复污染环境中将发挥重要作用，而且对动植物生长的促进和其他有益作用也有助于缓解生态破坏、修复受损生态系统。例如，微生物可通过降解、共代谢、去毒等途径对有机污染物的形态或毒性产生影响，并可通过多种机制对重（类）金属产生抗性，而能对重（类）金属进行吸附、络合、沉淀和化合价转化的微生物可以用于重金属污染物的处理，还可通过产生颉颃物质等方式遏制病原微生物的滋生，达到生物防治植物病害的目的。此外，土壤微生物在土壤修复、水体治理、固废处理和空气净化等领域均有巨大的应用潜力。

第二节 土壤蚯蚓

一、蚯蚓概述

蚯蚓属于环节动物门寡毛纲的陆栖无脊椎动物，通过取食、消化、排泄蚯蚓粪、分泌黏液和掘穴等活动影响土壤物质循环和能量传递。根据生活习性分为生活在土壤腐殖质层、喜食凋落物、不形成洞穴的表层种蚯蚓；生活在土壤表层、形成水平洞穴、喜食富含有机质土壤的内层种蚯蚓；形成垂直洞穴、上食下居的深层种蚯蚓。

蚯蚓常被认为是“生态系统的工程师”，是常见的大型土壤动物类群，其多样性和分布与土壤的健康状况密切相关（徐芹等，2010）。因此，将蚯蚓作为土壤质量的生态指示生物、有益的土地管理及工业修复措施等越来越引起人们的关注。然而，有些实例也表明，这些偶然或特意引入土壤以增强土壤生产力的蚯蚓具有侵害性（Gundale et al.，2005）。尽管如此，由于蚯蚓相对容易被发现、识别和取样，并且较易鉴定分类，这为研究土壤生物和土壤生态提供了理想的切入点。

二、土壤中蚯蚓的生物功能

蚯蚓可以使土壤的结构、化学和生物学性质发生明显的变化。它们通过穿梭、掘穴等非取食活动改变土壤结构，产生的生物孔隙可以增加土壤透气性，影响土壤有机质分布及腐殖质的形成；同时，它们在取食土壤及凋落物的过程中还可摄入土壤微生物及其他小型土壤动物，进而间接影响土壤的养分循环过程。它们对土壤环境的改变十分敏感，一旦环境压力过大，蚯蚓就会出现迁移或死亡，因此蚯蚓在土壤中存在与否及其数量多少常被直接作为土壤健康的生物指标。以 QBS - ar 指数为模型，研究者相继提出了基于蚯蚓的土壤质量生物监测指标（QBS - e：soil biological quality - earthworm），该指标的运用不需要具备大量的分类学专业知识，因此可由农民或土地经营人员自主开展监测。

三、土壤中蚯蚓与土壤健康

在农业生态系统中，土壤健康的干扰因素主要是农药和化肥的使用、耕作和管理方式以及土壤污染等。近年来，在全球气候变化背景下农业土地集约化导致的频繁耕作、农药和肥料的过量使用降低了土壤动物多样性及丰度（abundance），进而威胁土壤健康状况以及生态系统服务。相比传统耕作，有机耕作和保护性耕作下土壤蚯蚓的多样性和密度均有所提高，能够显著提高土壤肥力从而促进土壤健康。在自然生态系统中，蚯蚓与土壤健康之间的关系也得到了广泛关注。有研究表明，土壤蚯蚓作为草地生态系统的重要组成部分，常用于监测草地退化及放牧管理对土壤质量的影响。在森林生态系统中，森林砍伐和生态系统向耕地的转化会降低植物的生物量并导致土壤特性和土壤生物多样性的变化。在亚马孙森林被砍伐并建立牧场之后，单一的蚯蚓物种迅速繁殖，抑制了其他蚯蚓物种的生存。因此，土壤蚯蚓多样性可指示环境变化下的土壤健康状况。

土壤蚯蚓肠道内具有丰富的微生物类群，被认为是一个天然可移动的微生物存储库。这些在土壤蚯蚓体内定殖的微生物类群在宿主长期进化、个体发育和环境适应等过程中发挥着重要的作用，反映了宿主在土壤环境中的生态功能，因此它们的群落组成和功能是表征土壤蚯蚓环境适应性的较好功能性状。土壤蚯蚓肠道微生物与蚯蚓一起，共同参与土壤凋落物的分解、养分循环、污染物的降解和迁移过程。例如，蚯蚓肠道中的营养丰富，有利于厌氧菌的定殖，从而将宿主肠道与其邻近的陆地环境相关联，这些肠道细菌在营养元素和污染物转化中（例如硝化作用和重金属解毒作用等）发挥着重要作用。土壤蚯蚓肠道微生物组能够同时反映蚯蚓本身和其所处环境的土壤健康状况，且高通量测序技术的突破和生物信息学的发展进一步推动了肠道微生物组群落组成和功能信息的获取。因此，肠道微生物组在土壤健康评价中具有很大的潜力。

第三节 土壤线虫

一、土壤线虫概述

土壤线虫是一类虫体透明、结构简单且两侧对称的原体腔无脊椎动物，是土壤动物中数量和功能群类最丰富的类群。根据土壤线虫形态结构和取食习性，通常可分为食细菌线虫、食真菌线虫、捕食/杂食性线虫及植物寄生线虫 4 个主要营养类群。自然界中土壤线虫是仅次于昆虫的第二大类无脊椎动物类群，占地球上多细胞动物的 4/5。因此，线虫是丰富度与多样性最大的一类土壤动物。

土壤线虫生态学是研究土壤学、线虫学与生态学相互交叉的一门学科，它以土壤线虫分类学知识为基础，同时结合生态学的研究方法，重点研究土壤线虫群落组成和多样性以及在生态系统中的分布格局，目的在于探明土壤线虫的生态功能与食物网内其他生物类群的相互关系。目前，国内学者对土壤线虫生态学研究的关注逐渐增加，因此，研究者迫切需要一部与之相关的工具书。然而，目前出版的有关书籍多侧重于植物寄生线虫学方面，而对于土壤线虫生态学研究可以参考的书目仍十分缺乏。有学者从土壤生态学角度出发，以典型温带森林生态系统——长白山为例，阐述了土壤线虫生态学研究方法，描述了温带森林生态系统中土壤线虫形态分类特征、土壤线虫群落沿海拔梯度的分布格局。本书研究成果将为土壤线虫生态学研究工作者提供参考和借鉴。

二、土壤线虫的生物功能

线虫群落在土壤碎屑食物网中占有重要的地位，在维持土壤生态系统稳定、促进物质循环和能量流动方面发挥着重要的生态功能。土壤线虫的形态结构往往与其特殊的取食生境和生态功能密切相关，通过对土壤线虫形态结构的观察，不仅可以认识其形态学多样性，还可以反映出其功能的多样性。因此，线虫成为土壤生态环境变化的重要指示生物。在所有土壤线虫营养类群中，除仅占土壤线虫一小部分的植物寄生线虫对植物具有一定的侵染和危害外，其他绝大多数自由生活线虫通过参与土壤有机质的分解和养分循环，对植物生长及生态系统的生态过程产生直接或间接的有益影响。综上所述，开展土壤线虫生态学研究具有十分重要的意义。

三、土壤线虫与土壤健康

土壤线虫物种多样性与土壤健康有着密切的联系。土壤线虫数量丰富、种类多样，在众多的土壤动物中，线虫是数量和功能类群最丰富的一类（邵元虎和傅声雷，2007）。据 Andrássy（1992）统计表明，目前，已知自生活线虫有 1 380 个有效属和11 050个种，其中，陆地线虫 777 个属和 5 600 个种，海洋线虫 603 个属和 5 450 个种。根据已发表的线虫种类估算，地球上至少有 10 万种线虫。Boag 等（1998）根据前人的工作总结得出，土壤线虫物种最丰富的区域是温带阔叶林。对土壤生物的研究表明，人类活动已不可避免地导致土壤环境中动物及植物生物多样性的下降（MeNeely et al.，1995）。为了利用这些有限的信息来直观地揭示生态系统的变化，探明生态系统线虫多样性，必须借助有效的多样性指数和分析方法（李玉娟等，2005），通常用香农-威纳多样性指数（Shannon-Weiner diversity index）和辛普森指数（Simpsonindex）等来评价农田生态系统线虫的物种多样性（Yeates，1984；Yeates et al.，1999）。

香农-威纳多样性指数：

$$H' = -\sum P_i\,(\ln P_i)$$

均匀度指数（evenness）：

$$J' = H'/\ln S$$

优势度指数/辛普森指数：

$$\lambda = \sum P_i^2$$

丰富度指数（generic richness）：

$$GR = (S-1)/\ln N$$

某一给定的分类单元可以看作第 i 个分类单元（例如属）；P_i 为第 i 个分类单元中个体所占的比例；S 为鉴定分类单元的数目；N 为鉴定的线虫个体数目。

其中，香农-威纳多样性指数是 Shannon 和 Weiner 把信息论中不定性的概念引入群落多样性的研究中提出的，此指数对稀有种贡献大，对常见种贡献小。辛普森指数是 Simpson 在 1949 年利用概率论原理提出来的，该指数对常见种敏感，稀有种对该指数的影响较小。

由于对土壤生物群落的复杂性和许多常见类群分类知识的相对匮乏，很难精确地定义土壤生物多样性（soil biodiversity）。所谓功能群是指对某些生态系统功能起主要作用的类群（傅声雷，2007），因此，将功能群（function algroups）作为分类单元去认知土壤生物多样性成为必要的方法（李琪等，2007）。根据土壤线虫的食性特征、食道（oesophagus/esophagus）结构和捕食方法等，Yeates 等（1993）将线虫划分为 8 个取食类群：植物寄生线虫（plant feeding）、食真菌线虫（fungal feeding）、食细菌线虫（bacterial feeding）、取食基质的线虫（substrate ingestion）、捕食/杂食性线虫（animal predators）、取食单细胞真核生物的线虫（unicellular eukaryote feeding）、寄生动物体内的线虫（dispersal or infectivestages of animal parasites）和杂食性线虫（omnivorous）。其中，食细菌线虫、食真菌线虫、植物寄生线虫、捕食/杂食性线虫是土壤生态系统中 4 个主要营养类群。植物寄生线虫通常口针大小和结构十分多样，由于它们能引起植物疾病和降低作物产量，通常研究比较广泛；食细菌线虫是一个多样化的群体，通常具有圆筒状或三角管状的结构简单的胃；捕食性线虫个体通常很大，或具有较大的口针，或具有较大的齿。

（一）食细菌线虫

食细菌线虫是指以细菌为食的一类线虫，通常是土壤线虫中较为优势的营养类群，它们直接捕食细菌，因此，与土壤生态系统过程的联系最密切。食细菌线虫对植物及土壤生态过程的作用主要是通过对细菌的生物量、活性及其群落结构的影响而实现的。此外，食细菌线虫与细菌的相互作用对土壤养分矿化及分解作用产生影响（如对氮素矿化、磷素矿化、土壤有机质或落叶降解）；食细菌线虫与细菌的相互作用也能够对植物吸收及生长产生显著影响（吴纪华等，2007）。

一些研究表明，食细菌线虫具有促进植物生长的作用（Alphei et al.，1996；Bonkowski et al.，2000；Laakso et al.，2000）；食细菌线虫通过调节植物获得的无机氮而影响植物的生长（Coleman et al.，1984a）。它们主要取食有益、腐生的细菌和植物病原细菌，能够对细菌的活性起指示作用（bioindication）。食细菌线虫对无机氮的释放起着重要的作用，对土壤氮素矿化的贡献为8%。它们通过取食低C/N的微生物生物量（microbial biomass）增加植物对氮素的有效性。

（二）食真菌线虫

食真菌线虫是指以多种真菌为食的一类线虫，它们可以取食许多种类的真菌（Kerry，1984），包括在根际生长的真菌（rhizospheric fungi）、腐生真菌（saprophytic fungi）、病原真菌（pathogenic fungi）和菌根真菌（mycorrhizal fungi）等。线虫不能影响真菌孢子的形成，但高密度的线虫能够延迟真菌对植物根、茎生长的刺激。食真菌线虫是真菌分解途径的重要组成部分，可以通过排泄及分泌等方式释放真菌固持的无机氮，促进真菌对土壤氮矿化的作用（Chen et al.，2000）。食真菌线虫对土壤氮矿化的影响既与线虫种类有关，又和真菌种类有关。

食真菌线虫通过对三类主要真菌的作用从而对植物生长产生影响：①通过对腐生真菌的取食能够提高土壤养分矿化率，从而促进植物的吸收。②通过对植物病原真菌的取食不仅起到生物控制作用，还能够释放其固持的氮素，提高养分矿化率。因为植物病原真菌不仅对植物直接造成病理上的伤害，还通过氮固持与植物竞争养分。③食真菌线虫对泡囊-丛枝菌根（vesicular－arbuscular mycorrhizae，VAM）真菌的取食能够降低植物对养分的吸收，因为

VAM 真菌对植物吸收养分具有促进作用（吴纪华等，2007）。

食细菌线虫和食真菌线虫均属食微生物线虫，它们是初级分解过程中最为丰富的消费者，可通过取食细菌、真菌等微小生物，影响微生物的生长和新陈代谢活动，改变微生物群落，从而调节有机物的分解速度与养分的周转速率（张薇等，2004）。真菌和细菌都是土壤有机质重要的分解者，尤其在某些生态系统如森林中，真菌分解途径（fungal decomposition pathway）比细菌分解途径（bacterial decomposition pathway）更重要；而食真菌线虫对氮矿化的促进作用要小于食细菌线虫。目前，关于食真菌线虫对土壤养分矿化及有机质分解影响的研究远远少于对食细菌线虫的相关研究，且已有的研究主要集中在食真菌线虫对土壤氮矿化的影响。

（三）植物寄生线虫

植物寄生线虫是指能寄生于植物的各种组织，如根系、幼芽、茎、花、种子和果实内，使植物发育不良，并且在感染寄主的同时会传播其他植物病原，造成植物出现疾病症状的一类线虫。植物寄生线虫属于初级消费者，具有可以通过头部的化感器，接受植物根系分泌物的刺激，向根部游动的特性。因此，它们可以植物落叶和根系或根系分泌物为食，通过直接或间接地影响根瘤、菌根的形成和固氮等作用来影响植物生长（Freckman et al.，1985）；通过穿刺吸食和在植物组织内造成创伤，对植物产生有害影响，其中，对植物破坏最大的是食道腺分泌物。食道腺分泌物有助于口针穿刺细胞壁和消化细胞内含物，刺激寄主细胞增大形成巨型细胞或都分裂形成肿瘤等畸形，抑制根茎顶端分生组织细胞的分裂等。

截至 2000 年，全世界已报道发现的植物寄生线虫超过 5 000 种（刘维志，2004）。该类线虫与植株及其根形成寄主关系，对农业生产造成损坏，如导致植物减产、干扰植物营养和水分吸收、降低果实和块茎质量等。例如，全世界严重危害植物的线虫有根结线虫、胞囊线虫、滑刃线虫、茎线虫、粒线虫以及短体线虫等。

（四）捕食/杂食性线虫

捕食/杂食线虫属于次级消费者，主要以原生动物、线虫、线虫的卵（ova）等为食，对调控土壤中小动物的数量具有一定的作用。捕食性线虫还可以通过间接地影响植物寄生线虫，从而对植物生长产生影响（Freckman et al.，1985）；捕食性线虫通过取食细菌线虫来控制氮素的矿化，对氮素矿化的贡献为19%，是资源从低营养级向高营养级传递的桥梁（张薇等，2004）。对杂食性线虫的取食特征目前还没有得到一致性的认识，它们通过食物和空间的竞争来影响其他营养类群的线虫，在受扰动的环境中杂食性线虫的密度和多样性比较低（Sohlenius et al.，1984）。

土壤线虫群落结构容易受到外界干扰的影响。通过对线虫营养类群的划分，有助于更好地认识线虫群落结构和各个营养类群对生态系统物质循环与能量转化产生的影响（Freckman et al.，1985）。线虫营养类群的相对多度和均匀度可以通过营养多样性指数（trophic diversity）来描述。

线虫营养多样性指数（trophic diversity，TD）：

$$TD = 1 \Big/ \sum P_i^2$$

式中，P_i 指各营养类群在线虫群落中所占的比例。

营养多样性指数的大小能够反映出线虫食性多样性的高低。

此外，线虫取食类群的划分为描述土壤分解路径的变化提供了一种有效的手段。土壤中的分解过程，虽然最终以植物资源为基础，但常被分为以细菌为基础的能量通道（bacterial - based energy channel）或分解速率较慢的以真菌为主的通道（fungal - based channel）（Moore et al.，1988）。食细菌线虫和食真菌线虫这两个类群的比例能反映出不同分解通道在分解过程中的相对重要性。通常用线虫通路比值（nematode channel ratio，NCR）来表示它们之间的比例（Yeates，2003）。

线虫通路比值：

$$NCR = B/(B+F)$$

式中，B 和 F 分别是食细菌线虫和食真菌线虫占线虫总数的相对多度。

这一比值在 1（完全由细菌控制，totallybacterial - mediated）和 0（完全由真菌控制，totallyfungal - me diated）之间波动。

第二章 主要土壤微生物实验室设置与设备

土壤微生物学作为微生物学的一个分支，其基本任务是研究土壤微生物与其所栖环境之间的相互关系，即研究自然界中各种生物和非生物因子对土壤微生物生命活动的影响以及土壤微生物对外界环境的作用等。实验室的研究工作主要涉及微生物的形态结构、分类鉴定、生理生化和生长繁殖等微生物学基本内容，以及生物化学和生理学方面的一些内容。因此，土壤微生物实验室应能满足微生物学常规实验和一般化学实验的要求，对实验室的结构、内部设置、空间环境以及日常管理等方面都应有较严格的要求。近来，随着分子生物学技术的发展和土壤微生物分子生态学的创立，微生物实验室的格局也在不断革新。本章依次介绍土壤微生物实验室设置与功能、实验室仪器与设备、常规操作与注意事项。

第一节　实验室设置与功能

土壤微生物实验室从实验工作特点来看，总体上可分为通用实验室和专用实验室。其中，专用实验室主要针对灭菌、接种、培养、镜检、消化、洗涤和冷藏等微生物学特色实验而设置。近年来，分子生物学实验室、微生物洁净室、病原微生物实验室等现代化的专用实验室也逐渐受到重视，而且被视为许多研究工作的重点内容。这里依次介绍通用实验室、专用实验室和生物安全室。

一、通用实验室

通用实验室用于实验准备和结果读取，如配制培养基、处理土样以及对培养好的微生物进行菌落计数和生理活性测定等。实验室的陈设则因工作重点不同而有很大差异，常见的有试剂柜和存放器具或材料的柜子及宽桌面的实验台、圆凳、水和电源等。

（一）实验台

实验台的高度应适于坐着或站着操作，一般高 76～80 cm，化学分析实验台的高度可为 85 cm 以上；宽度和长度则视实验室大小、方位及工作性质而定。实验台的桌面应表面光滑、质地结实、耐磨耐热及不受化学腐蚀，既要硬实不易被划纹，还应不易碰碎玻璃器皿。

（二）试剂架

实验室墙壁或实验台上可安装试剂架，大小和式样则因工作内容而不同。试剂架上格局以配置合理和使用方便为原则，即按试剂用途和瓶子大小排放试剂瓶，但要使实验室整齐、美观。另外，搁板边要有翻口，以防玻璃瓶滚下摔坏，如果使用玻璃或塑料板作防护板则更好。

（三）药品柜

根据房间大小和要求设置不同规格、样式的药品柜，通常要求药品按性质分类放置。对于放在一起容易引起爆炸和燃烧的药品更应注意分开存放，硫酸、盐酸、硝酸等强酸及其他各类危险性物质均要求单独存放在安全的地方。

二、专用实验室

（一）灭菌室

灭菌室主要用于分离微生物所用各种培养器具和培养基的灭菌，室内配有加压蒸汽灭菌器（灭菌锅）、干热灭菌器（烘箱）等。房间应根据灭菌锅的多少、工作量大小来确定面积，而且要求有较好的通风散热条件，另要配备专门的电源线路。因为电热灭菌锅的耗电量很大，普通的照明或动力线路很难承载，如果用煤气或热蒸汽灭菌则要进行特殊设计。灭菌锅是一种高温高压容器，操作人员须经过一定的专业技术训练后方可操作，且在操作过程中一定要认真、负责、细心，及时检查水位、压力表、放气阀和安全阀等，观察是否正常，切莫违规操作，酿成事故。部分使用报纸等包扎的器具湿热灭菌后急需使用时可用烘箱烘干，而过滤除菌、化学灭菌和辐射灭菌等灭菌操作则依据具体情况执行，不一定在灭菌室完成。

（二）接种室

除少量无菌操作可在接种箱中或超净工作台上进行外，应设置一间用于分离、接种及纯化菌种等无菌操作的专用实验室，要求室内空气中无杂菌，故也称无菌室。接种室应容易保持无菌状态，不宜过大、太高，在构造和使用上要求如下：①分里外两间，里间为接种间，面积 5～10 m^2，外间为缓冲间，面积 2～3 m^2；两间门不宜对开，出入口要求装上推拉门，高度均为 2～2.5 m。②天花板要涂漆，四壁涂漆或铺瓷砖，地板要光滑，不留缝隙和积灰尘的棱角，以便擦洗和用水冲洗消毒。③在房间顶部和近地面处有空气过滤孔，门窗要双重、结合紧密，关闭后应与外界空气隔绝。④室内除工作台、圆凳、酒精灯、常用接种器具和必备器皿外，不宜放置过多东西。⑤接种室及其过道都要装上紫外线杀菌灯，每次工作前均须使用紫外灯照射，照射时间依紫外灯强度及其离桌面的距离而定，如 30 W 的紫外灯离桌面 1 m，照射 15 min 即可；必要时可用 50 g/L 的来苏尔（lysol）液擦洗桌面和地板及喷洒全室。⑥进入接种室要在缓冲间更换无菌工作服、帽，工作完毕应立即清理，保持整洁；操作时应严格按照无菌操作规定进行，少说话、不喧哗，以保持环境的无菌状态，提高接种成功率。

（三）培养室

培养室用于恒温培养各种微生物，因此也称恒温室，在没有培养室的情况下可用恒温箱（培养箱）。恒温箱在微生物鉴定中用于测定微生物的温度适应范围比较方便，按使用特点可分为普通恒温箱、恒温恒湿箱和具有一系列温度梯度的多级恒温箱。恒温箱主要由外壳、热电丝、温度调控系统三部分组成，外壳的内壁是金属材质，外壁是金属或木制材料，中间夹有石棉等隔热材料，温度调控系统通常包括感温材料、电子继电器、水银导电表及其他方式。

恒温室是按照普通恒温箱工作原理设计，根据实际需要而放大的恒温箱，主要用于开展批量较大或持续时间较长的培养实验。室内设有放置培养物的架子、电热器和温度控制器，通常温度调节在25～28 ℃之间，主要要求是严密、保温性能好、安全。为了便于保温，恒温室应采用双层夹壁，夹壁之间填充锯木屑或泡沫塑料板、玻璃棉等。恒温室的空间较大，不同位置上的温度通常有所差异，可在内部安装一部空气搅拌装置。此外，夏季温度过高的地区可安装一台小型空调，以降低室内温度。为了适应各类微生物对温度的不同要求，大的恒温室还可隔成若干个小室，像多级恒温箱那样设一系列不同的温度，或按需要随意调节。恒温室若以电炉丝为热源，必须有妥善的隔热、防护措施，以免发生事故。由于碰撞、震动等原因，恒温室与恒温箱的控温装置常常会出现接触不良、失控，所以使用过程中应随时注意检修。

需要强调的是，培养过程中除了必要的观察、取样之外，应尽量避免频繁和长时间敞开箱（室）门，室温较低时尤应注意。对某些要求较严格的实验项目，要取得重复性较高的实验数据，在培养环节应考虑到可能引起温度变化的各种因素。比如，在使用空间较大又没有空气搅拌设备的恒温室时，应事先测定室内不同位置的实际温度，每次培养最好摆放在固定的位置。此外，有些微生物（真菌、放线菌）能形成分生孢子，在培养过程中，成熟的孢子很容易扩散，所以培养箱最好专用，各类微生物分开培养。需要注意的是，有些气体（如 H_2S 等）对微生物有影响，因此，凡能产生有害气体的物品都不要放在培养箱（室）内。

（四）镜检室

镜检室用于显微观察微生物细胞。微生物的个体很小，最小的细菌不到 1 μm，需经显微镜放大后方可观察。镜检即通过显微镜观察微生物细胞的形态结构特征等，并由此做出一些基本鉴别。镜检室内放有不同规格的光学显微镜和解剖镜，可根据需求配备摄像装置。

（五）消化室

消化室用于测定土壤基础化学性质前的样品消化以及土壤微生物生物量浸提液的消煮等，因此需要根据试验要求配备各类消化炉，例如 C、N 等的消化就是在不同消化设备上进行的。消化室一般要求同时配有通风橱等设备，而且部分消化炉应根据要求配备温度显示和调控设施。

（六）洗涤室

洗涤室专供清洗污物用。洗涤室内应设有较大的内衬铅皮或塑料板的水槽和放置器皿的淋洗架，架子应配格子搁板，以便沥水。为了加热和烧水，应备有电炉、煤气灶或别的加热器。室内还需备有各种瓶刷、去污粉、肥皂和其他洗涤剂。室内的桌子台面宜宽，便于摆放器皿。

（七）冷藏室

如需保藏较多的菌种，最好能有一个专用房间，室内配置许多架子，装有降温设备。由于室内外温差大，冷藏室必须充分隔热，温度保持在 4 ℃左右。保藏的菌种可以按菌种分类或入库时间排序，而且应该有严格的包括菌种特征在内的菌库记录单，便于菌种取用。

三、生物安全室

（一）分子生物学实验室

该室专供土壤微生物分子生态学（分子生物学）实验使用，要求宽敞整洁、功能分区，并配空调设备。分子生物学实验室一般置有超净工作台、离心机、PCR 仪、电泳仪、杂交仪、单碱基突变检测系统、凝胶成像系统、冰箱和药品柜等基础设备，条件允许情况下可进一步分成 PCR 室、DNA 提取室、RNA 室、电泳及凝胶成像室、分子杂交室和离心室等专用实验室。分子生物学实验室应依据工作需求和科研条件，量力而为地开展常规或尖端的分子生物学实验：①基因组 DNA 分析。基因组 DNA 的提取与纯化、质粒 DNA 的提取、DNA 片段酶切、核酸浓度和纯度测定、琼脂糖凝胶电泳分离 DNA 片段及 PCR 基因扩增等。②基因表达分析。总 RNA 提取和纯化、反转录 PCR 等。③基因工程。感受态细胞的制备、DNA 的重组技术、重组 DNA 分子导入受体细胞（转化）、重组 DNA 分子扩增和鉴定等。④其他实验。包括总蛋白质提取、各类电泳检测、各类 DNA 分子标记、Southern 杂交、Northern 杂交和 PAGE 等实验。

（二）微生物洁净室

随着高科技产业的飞速发展，应用洁净室来代替接种室的趋势已经越来越明显，所以洁净室的设计与使用也是必须关注的问题。洁净室是一种特别设计的房间，它将一定空间范围内空气中的微粒子、有害气体以及细菌等污染物排除，并将室内温度、洁净度、气体压力、气流速度、气流分布、噪声振动及照明、静电等控制在某一需求范围内。设计该类实验室的基本目的为经济、实用，净化技术要求为 1 万级洁净度，粒度$\leqslant$0.5 μm 尘埃最大允许数$\leqslant 3.5\times 10^5$ 粒/m^3。微生物最大允许数：浮游菌$\leqslant$100 个/m^3，沉降菌$\leqslant$3 个/皿。实验室配有一更室、二更室和风淋室等缓冲房间，实行人流、物流分开原则，以减少实验污染。

洁净室要求安装紫外线杀菌灯，传递窗为不锈钢材质，机械连锁控制，内带灭菌装置。观察窗为密闭洁净窗，门为气密洁净门。洁净室入口处设置风淋室，能有效清除人体所带灰尘，减少洁净室的灰尘量，同时也起到了气闸的作用，防止不洁空气由门进入洁净区。洁净室需补给一定比例的新鲜空气，而空气需要充分除菌或灭菌后才能进入各实验室以补偿排风，保证气压和工作人员需要。采用风量调节阀对不同要求洁净级别的区域进行控制，并做好对压强梯度的调节，保证气流从“清洁”区域流向“污染”区域，使室内微生物颗粒被迅速而有效吸收并排出室外，室内相邻房间相对静压差$\geqslant$5 Pa，相对室外静压$\geqslant$10 Pa。

洁净室要加强日常管理和维护，室内工作人员的数量、手部的清洁消毒情况、试验操作的动作幅度，以及洁净服的材质、式样和穿戴方式等都会对房间的洁净度造成明显影响。因此，洁净室要定期进行消毒和环境检查，消毒剂也要定期交替使用。这些都是生物洁净技术中十分重要的环节。

（三）病原微生物实验室

根据实验室对病原微生物的生物安全防护水平，并依照实验室生物安全国家标准的规定，将实验室分为一级、二级、三级、四级。一级对人体、动物或环境危害较低，不具有对健康成人、动植物致病的致病因子；二级对人体、动植物或环境具有中等危害或具有潜在危险的致病因子，对健康成人、动物和环境不会造成严重危害，具备有效的预防治疗措施；三级对人体、动植物或环境具有高度危险性，主要通过气溶胶使人染上严重的甚至是致命的疾病，或对动植物和环境具有高度危害的致病因子，通常有预防治疗措施；四级对人体、动植物或环境具有高度危险性，通过气溶胶途径或其他不明途径传播，或者是未知的、危险的致病因子，没有预防治疗措施。其中，一级、二级实验室不得从事高致病性病原微生物实验活动，三级、四级实验室从事高致病性病原微生物实验活动应通过国务院的审查并取得资格证书。土壤微生物研究工作涉及的主要是一级、二级实验室，一级、二级实验室所用设施、设备和材料均应符合国家相关标准和规定要求。以下就对这两级实验室的设置要求做简要介绍。

一级病原微生物实验室：①无须特殊选址，可设在共用建筑物内，但应有防止节肢动物和啮齿动物进入的设计与设施，窗户开启时应使用纱窗；②布局上分实验区和非实验区，两者之间应有效分隔，实验区外应有实验所需用品储存、个人物品存放和工作人员休息的空间；③墙壁、天花板、地面应平整、不渗水、易清洁并耐化学品和消毒剂的腐蚀，实验台和橱柜应牢固稳定，实验台面能防水、耐腐蚀、耐热、易消毒；④室内应有空气和物体表面消毒的仪器与设施，照明应保证工作需要，并避免反光和强光；⑤室内仪器和物品的摆放合理，便于操作，并应遵循易消毒的原则，且使用的利器应盛放在固定的容器内；⑥在实验室靠近出口处应设洗手池，洗手龙头应为自动感应式、长手柄式或脚踏式，备有洗手皂液，必要时配备快速消毒洗手液；⑦在出口处应设挂衣装置，专门用于放置实验室工作服；⑧门外应有“一级生物安全防护水平实验室”标识。

二级病原微生物实验室：①可设在共用建筑内，但应相对独立，设可自动关闭且带锁的门；②门或墙上应有可视窗，实验时门应呈关闭状态，结束后应呈锁闭状态；③室内应配备根据实验项目和对象确定型号的生物安全柜，并放在气流流动少、人员走动少、离出口处较远的位置，周围留有一定空间；④当对可能产生气溶胶的感染性材料样本的操作无法在生物安全柜内进行而必须采取外部操作时，应加装负压罩；⑤在实验室所在区域内应配备安全、计量鉴（检）定和管理均符合国家压力容器管理有关规定的高压蒸汽灭菌器，并按期检查和验证，做好记录，确保消毒效果和使用安全，使用人员应做好使用记录；⑥在室内应设有洗眼装置，必要时应设紧急喷淋；⑦应保证实验室的通风和换气，可采用自然通风，如采用机械通风，应保证有不少于每小时 3～4 次的通风换气次数；⑧应有可靠的电力供应和应急照明设备，保证紧急情况下基本设备的用电需要；⑨在门外应有“二级生物安全防护水平实验室”标识；⑩有特殊要求的专用实验室按其要求执行。

应加强对一级、二级病原微生物实验室的生物安全管理，防止病原体通过实验室向外围环境扩散，保证实验室工作人员和公众的健康，实验室应根据《病原微生物实验室生物安全管理条例》《实验室生物安全通用要求》《生物安全实验室建筑技术规范》和《人间传染的病原微生物名录》（以下简称《名录》）建立健全有关实验室生物安全手册、生物安全规章制度、操作规范和标准操作规程；实验室应明确工作人员的分工与责任，批准和发布实验室生物安全手册、生物危害评估等重要文件；实验室应围绕生物安全目标，针对病原微生物标本的采集、标本及菌（毒）种的运输、接收、登记、保存、实验操作、废弃物处理、实验室感染应急处置预案、安全保卫、生物安全柜和高压蒸汽灭菌器等生物安全设备的使用与维护等环节做好管理；实验室应建立相关档案，记录实验室活动情况和生物安全监督情况，对高致病性病原微生物（即《名录》中的第一、二类病原微生物）实验室活动的档案，其保存期不得少于 20 年；实验室应建立严格的实验室人员和项目准入制度，并有相对固定的工作人员，除辅助工作人员外，所有从事实验活动的人员都应经过培训并取得上岗资质。

第二节　实验室的仪器与器皿

一、主要仪器

土壤微生物学实验室配备的仪器很多，常见的主要有：平衡天平、分析天平、光学显微镜（附有相差、荧光和摄影装置）、干热灭菌用电烘箱、中温烘箱、小型烘箱、培养箱、冰箱（柜）、恒温水浴锅、旋转式振荡机（大、小摇床）、离心机（6 000 r/min）、超净工作台、分光光度计、pH 计、真空泵、煤气灶、高压蒸汽灭菌器、细菌过滤器、往复振荡器、磁力搅拌器、凯氏定氮仪和涡旋仪等。

根据工作需要与可能，还可添置微波炉、液氮罐、CO 罐、滚管机、厌氧培养箱、超低温冰箱、超声清洗仪、溶解氧测定仪、瓦勃呼吸仪、氢气发生仪、自动定位滴定仪、气（液）相色谱仪、电泳仪、BIOLOG 仪、PCR 仪、单碱基突变检测系统、凝胶成像系统和小型发酵罐等。

二、玻璃器皿

试管：1.8 cm×18 cm、1.5 cm×15 cm 和 1.0 cm×10 cm 等不同规格，以厚管壁的为宜。

量筒：10 mL、50 mL、100 mL、250 mL、500 mL、1 000 mL 和 2 000 mL。

烧瓶：平底和圆底两种，常用的有 500 mL 和 1 L。

容量瓶：25 mL、50 mL、100 mL、200 mL、250 mL、500 mL 和 1 L。

三角瓶：50 mL、100 mL、250 mL、500 mL 和 1 L。

培养皿：常用的为直径 9 cm、高 1.5 cm。

吸管：0.1 mL、1 mL、5 mL、10 mL 的带刻度吸管。

漏斗：常用的有直径 3 cm、6 cm 和 10 cm。

注射器：5 mL、10 mL、20 mL、50 mL。

试剂瓶、滴瓶：各种容量（白色、棕色）。

盖玻片：1.8 cm×1.8 cm、厚 0.17 mm。

载玻片：2.5 cm×7.5 cm、厚 0.10～0.13 cm。

干燥器：不同直径的普通干燥器和真空干燥器。

玻璃刮刀：直径 2 mm 的玻璃一端弯成边长 3.5～4.0 cm 的等边三角，倾斜 45°。

三、其他器具

铝锅：直径 18 cm、20 cm、24 cm 和 28 cm。

移液枪：2 μL、10 μL、100 μL、200 μL、1 000 μL 和 5 000 μL。

试管架：20 孔、50 孔和 100 孔等，可由金属丝编成或塑料板制成。

接种环、接种针、接种钩、接种铲：可用 500 W 电炉丝或白金丝制成，接种环的直径以 2 mm 左右为宜。

通风橱、虹吸管、酒精灯、喷灯、染色缸、洗瓶、酸桶、洗衣粉桶、淋洗架、剪刀、镊子、牛皮纸、滤纸、pH 试纸、牛角勺、铅笔、硅胶塞、粗线、碾钵、吹风机、蜡笔、托盘和筛等。

生物安全柜：生物安全柜（biological safety cabinets，BSCs）是为操作原代培养物、菌毒株以及诊断性标本等具有感染性的实验材料时，用来保护操作者、实验室环境以及实验材料，使之避免暴露于上述操作过程中可能产生的感染性气溶胶和溅出物而设计的，是从事具有传染性微生物研究的实验室中最有效、最常用的生物防护设备。

当操作液体或半流体，例如摇动、倾注、搅拌，或将液体滴加到固体表面或另一种液体中时，均有可能产生气溶胶。在对琼脂板画线接种、用吸管接种细胞培养瓶、采用多道加样器将感染性试剂的混悬液转移到微量培养板中、对感染性物质进行匀浆及涡旋振荡、对感染性液体进行离心以及进行动物操作时，这些实验室操作都可能产生感染性气溶胶。由于肉眼无法看到直径＜5 μm 的气溶胶以及直径为 5～100 μm 的微小液滴，因此实验室工作人员通常意识不到有这样大小的颗粒在生成，并可能吸入或交叉污染工作台面的其他材料。《实验室生物安全手册》中明确说明："生物安全柜可以有效减少由于气溶胶暴露所造成的实验室感染以及培养物交叉污染，生物安全柜同时也能保护工作环境。"

Ⅰ级生物安全柜是最早得到认可的，并且由于设计简单，目前仍有使用。Ⅰ级生物安全柜能够为人员和环境提供保护，但未灭菌的房间空气通过生物安全柜正面的开口处直接吹到工作台面上，因此Ⅰ级生物安全柜对操作对象不能提供切实可行的保护。多年以来，生物安全柜的基本设计已经历了多次改进，主要的变化是在排风系统中增加了高效过滤器（high efficiency particulate air filter，HEPA）。对于直径 0.3 μm 的颗粒，高效过滤器可以截留 99.99%。高效过滤器的这种特性使得它能够有效截留所有已知传染因子，并确保从安全柜中排出的是完全不含微生物的空气。生物安全柜设计中的第二个改进是将经 HEPA 过滤的空气输送到工作台面上，从而保护工作台面上的物品不受污染。这一特点通常被称为实验对象保护（product protection）。

Ⅱ级生物安全柜是最通用的生物安全柜，在设计上不但能提供个体防护，而且能保护工作台面的物品不受房间空气的污染。Ⅱ级生物安全柜与Ⅰ级生物安全柜的不同之处在于，只让经 HEPA 过滤的（无菌的）空气流过工作台面。Ⅱ级生物安全柜可用于操作危险度 2 级和 3 级的感染性物质，在使用正压防护服的条件下也可用于操作危险度 4 级的感染性物质。

Ⅲ级生物安全柜的所有接口都是"密封的"，内部始终处于负压状态（大约 124.5 Pa），用于操作危险度 4 级的微生物材料，可以提供最好的个体防护。Ⅲ级生物安全柜适用于 3 级和 4 级生物安全水平的实验室。生物安全柜能同时保护操作者和环境，而超净工作台是为了保护试验对象而设计的，通过吹过工作区域的垂直或水平层流空气防止试验品或产品受到工作区域外粉尘或细菌的污染，不能用来代替生物安全柜进行工作。微生物样品一旦置于工作区域，层流空气将把带有微生物介质的空气吹向前台工作人员而产生危险。

四、常规操作与注意事项

微生物学实验室除了进行一般的微生物实验外，还常涉及其他理化性质测定等，而且新型实验技术层出不穷。这里只介绍灭菌与洗涤这两类基本操作。

(一) 灭菌

灭菌指用物理或化学的方法杀死或除去培养基内或所用器皿中的一切微生物，是分离和获得微生物纯培养的必要条件。灭菌方法有热力灭菌、过滤除菌、化学灭菌和辐射灭菌等。为防止空气杂菌再次污染灭过菌的培养基或器皿，必须在盛有培养基的器皿口塞上棉塞(现多用硅胶塞代替)，培养器皿及其他用具也都应包扎后再灭菌。

（1）制作棉塞。用普通棉花即可，不宜用脱脂棉，因脱脂棉容易吸水而导致污染。棉塞应按器皿口径大小制作，其长度就试管来说，一般长 4～5 cm。常规制作方法：取适量棉花铺成长方形，纵向松卷起来再对折后塞入管（或瓶）口；或将棉花铺成方形，于其中央衬以小块棉花，以左手拇指为中心制成棉芯，再由外侧棉花包入做成棉塞。棉塞制成后将 2/3 塞入容器内，1/3 露在空气中。要求松紧适当，紧贴管壁不留缝隙，以手提棉塞试管不滑落为度。正确的棉塞制作如图 2－1 所示。为防止灭菌时棉塞受潮或进水，可在棉塞外包牛皮纸。

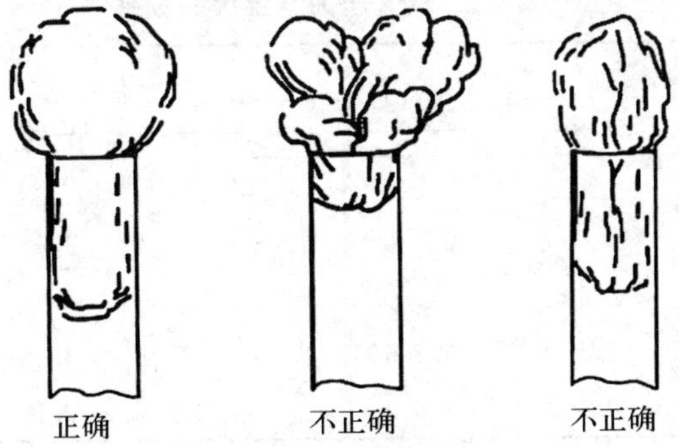

图 2－1 棉塞的制作

（2）包扎器皿。微生物分析用的培养皿和吸管等应先包装后灭菌。培养皿可以 8 或 10 套为一叠用报纸包装或装在铜制（或铝制）筒内，灭菌。吸管在管口 0.5 cm 以下的地方塞少许棉花，长约 1.5 cm，以防菌液吸入口中或口中细菌吹入管内，松紧程度以吹气时通气顺畅而不致下滑为准；然后将吸管尖端放在宽 4～5 cm 的长条纸一端，与纸条约呈 45°角，折叠纸条，包住吸管尖端，然后将吸管卷入纸条内，末端剩余纸条折叠打结，待灭菌。

（二）热力灭菌法

热力灭菌法（heat disinfection sterilization）是应用最早、效果可靠、使用最广泛的方法，主要利用高热能破坏微生物的蛋白质、核酸、细胞壁和细胞膜，从而达到杀菌的目的。根据加热方法不同，热力灭菌法又可分为湿热灭菌和干热灭菌。

1. 湿热灭菌　湿热灭菌指将物品置于密闭的高压灭菌器中，利用高压饱和蒸汽、过热水喷淋等手段使微生物体中的蛋白质、核酸发生变性而杀灭微生物的方法。该方法灭菌能力强，为加热灭菌中最有效、应用最广泛的灭菌方法。湿热灭菌有加压和不加压两种。加大蒸汽压力能提高蒸汽的温度，提高杀菌效果，即在密闭的高压灭菌器中，加热时水成为蒸汽，并由蒸汽将灭菌器内冷空气全部排除，随着蒸汽压力的升高，温度亦上升。温度和蒸汽压力的关系如表 2-1 所示。

表 2-1　蒸汽压力与温度的关系

压力		温度（℃）	压力		温度（℃）
（磅/英寸^2）	（kg/cm^2）		（磅/英寸^2）	（kg/cm^2）	
0	0	100.0	12	0.88	117.6
5	0.35	109.0	15	1.05	121.5
6.1	0.50	110.0	20	1.41	126.5
8	0.59	112.6	25	1.76	131.0
10	0.70	115.2	30	2.11	134.6

注：1 磅/英寸^2＝6.8947×10^3 Pa。

如果使用的高压蒸汽灭菌器只有压力表而无温度计设备，其内温度可用一些指示剂来测定。如利用某些有机固体物质在一定温度下熔化的性质，将这类物质盛于玻璃容器中，加入灭菌器内，如温度达到物质熔点即熔化，如没有达到则仍是固体。这些物质列于表 2-2。

表 2-2　可作温度指示剂的一些化合物

化合物	熔点（℃）	化合物	熔点（℃）
菲	100	乙酰替苯胺	114～116
邻苯二酚	104	颠茄碱	115
氨基比林	107～109	纯硫黄（单斜硫）	119
间苯二酚	109～111	苦味酸	122
安替比林	110～113	苯甲酸（安息香酸）	121～122

可应用加压蒸汽灭菌的物品有培养基、自来水、工作服等。一般培养基在 121 ℃灭菌 30 min 即可一次达到完全灭菌。牛乳、明胶等培养基因温度过高会变质，最好采用 115 ℃灭菌 15～20 min，另一些含葡萄糖等单糖的培养基宜在 111～113 ℃灭菌 15～20 min，以免温度过高引起糖的碳化或分解，但容器和塞子应先经过 121 ℃灭菌 30 min。这样灭菌的培养基，还应在恒温室放 3～5 d，以保证灭菌完全后方可使用。如果对体积大或蒸汽难穿透的物品（如土壤、沙子等）灭菌时，除了将物件尽量摊开外，应将压力提高到 126 ℃灭菌 1 h，必要时隔日再灭菌 1 次。

高压灭菌器使用前，须先加适量水于灭菌器内（水过少，有蒸干而破坏灭菌器以致发生炸裂的危险；水过多，会延长沸腾时间，消耗燃料）。待灭菌物品放好后，关闭灭菌器，打开气门，加热，等灭菌器内空气排除后关上气门，继续加热至压力计读数升到所需指标后开始计算所需时间（现在一般都有自动计时设备，直接设定即可），调节热源或安全阀来保持压力不变。到了灭菌所需时间，停止加热，待压力回到零时，打开气门，开盖取出物品。如急用，可在停止加热后微启气门放气，但切不可开得太大，以防压力突然下降而使液体冲出；通常容器内所盛培养液不超过容器容积的 1/3 时，从停止加热到排完蒸汽控制在 6～7 min 即可。

土样等灭菌时需用蛇皮袋等耐热品包装好。高压蒸汽灭菌时注意灭菌器内不要装得太满，否则会影响灭菌效果；同时，排除器内空气很重要，如果不排尽空气，即使达到预定压力，却没有达到应有的温度，影响灭菌效果。灭菌器内压力、温度和空气排除量的关系见表 2-3。

表 2-3　高压灭菌器内压力、空气排除量与温度的关系

压力（磅/英寸^2）	温度（℃）				
	空气完全排除	空气排除 2/3	空气排除 1/2	空气排除 1/3	空气未排除
5	108.8	100	94	90	72
10	115.6	109	105	100	90
15	121.3	115	112	109	100
20	126.2	121	118	115	109
25	130.0	126	124	121	115
30	134.6	130	128	126	121

2. 干热灭菌　干热灭菌是利用干热空气使微生物细胞内的蛋白质凝固变性而达到灭菌的目的。细胞内的蛋白质凝固性与其本身的含水量有关，在菌体受热时，环境和细胞内含水量越大，蛋白质凝固就越快；反之含水量越少，凝固就越缓慢。无水时微生物细胞内的蛋白质于 160 ℃始能凝固，因此，与湿热灭菌相比，干热灭菌所需温度高（160～170 ℃）、时间长（1～2 h），但干热灭菌温度不能超过 180 ℃，否则，包器皿的纸或棉塞就会烧焦，甚至引发燃烧而酿成意外事故。烘箱内也不宜装得太满，以免影响温度的均匀上升。灭菌结束，必须待温度下降到 60 ℃以下时方可打开箱门，以防止温度骤然下降而使玻璃炸裂。像培养皿、吸管等玻璃器皿可在前述温度和时间下进行干热灭菌；土壤进行干热灭菌时应摊成薄层，在烘箱内加热至 160～170 ℃维持 4～6 h。带橡皮塞或橡皮管的器皿不宜干热灭菌，须用高压蒸汽灭菌。接种针、镊子等金属用

具可在火焰上灼烧灭菌。

3. 间歇灭菌 各种微生物的营养体在 100 ℃下灭菌 30 min 即可被杀死，但这种条件下微生物的芽孢和孢子却不会失去生活力，间歇灭菌就是针对这一特点而设计的。间歇灭菌通常指在类似蒸笼的不密闭容器中，蒸汽压力与大气压力相等，蒸汽不断散出，故又称流动蒸汽灭菌。间歇灭菌的方法是用 100 ℃、30 min 杀死培养基内杂菌的营养体，然后将这种含有芽孢和孢子的培养基在 28～30 ℃温箱内或室温下放置 24 h，使芽孢和孢子萌发成为营养体。这时再以 100 ℃处理 30 min，再放置 24 h 以上，如此连续灭菌 3 次，完成后最好放 3～5 d，确保灭菌完全后使用。间歇灭菌比较麻烦，灭菌效果也较差，在没有高压蒸汽灭菌器时才采用这种方法，但对一些易受高温破坏的培养基或其中某些成分易受高温破坏时，则必须采用间歇灭菌。

（三）过滤除菌法

过滤除菌法（filtration）是用物理阻留的方法将液体或空气中的细菌除去，以达到无菌目的。对于含热不稳定性物质如抗生素、血清、维生素和糖类等的溶液，可用过滤方法得到无菌的滤液。所用滤器称细菌过滤器，由孔径极小且能阻挡细菌通过的陶瓷、硅藻土、石棉或玻璃砂等制成，其中赛氏（Sitz）滤器、烧结玻璃滤器和薄膜滤器是用得较多的细菌过滤器。为了加快过滤，可加压或减压（加压比减压的过滤效果好），但压力差不能太大，不然过滤太快会使滤液中混入细菌以致除菌不完全。事实上，一般以抽气减压使用较广。为防止回流空气的污染，使用减压过滤时应加空气过滤装置。当然，所有滤器装置使用前均须灭菌。

（1）赛氏滤器。由石棉、短棉绒等压制成的圆形滤板和金属制筒形漏斗配合而成。滤板对酶、病毒、噬菌体及一些多糖类和抗原物质具有吸附性。为避免这些物质被吸附，滤器可用少量 1 g/L 的明胶或蛋白胨水过滤，使滤器饱和，再过滤所需的溶液。在精密试验中，过滤前应先用蒸馏水或少量弱酸洗涤滤器，以除去滤器内碱性物质、金属阳离子等。

（2）烧结玻璃滤器。由研磨得很细的玻璃烧结而成。规格多种，对于少量（5～100 mL）溶液的除菌宜用 5、6 号滤器，它的优点是具有较小的吸附作用，因而对溶液中物质的浓度影响较小。滤器使用以后，加热硫酸和少量硝酸钾，抽气，有硫酸流出后放置过夜，第二天抽去其余硫酸，再用蒸馏水抽洗，直至洗去所有硫酸为止（以氯化钡检测无白色沉淀）。

（3）微孔滤膜。是一种由纤维素酯制成的滤器。孔径有 0.025 μm、0.05 μm、0.1 μm、0.22 μm、…、12.0 μm 等各种规格，根据用途制成各种型号。除菌用的是耐高压蒸汽灭菌、孔径为 0.22 μm 的滤膜。微孔滤膜除了用于除菌外，还可用来测定液体或气体中的微生物。

（四）化学灭菌法

有些化合物能破坏原生质，使蛋白质变性而造成微生物死亡，被称为杀菌剂。实验室常用的有质量分数为 65%的乙醇溶液，10 g/L的升汞、次氯酸钠盐或钙盐溶液，另还有甲醛与乳酸等熏蒸剂。在气体杀菌消毒剂中，环氧丙烷的沸点为 35 ℃，不容易汽化，可用于器皿和植物组织的灭菌，使用时较为安全，但杀菌力不如环氧乙烷。这里重点介绍广谱、高效的气体杀菌消毒剂——环氧乙烷。

环氧乙烷又称氧化乙烯，分子式为 $(CH_2)_2O$，10.8 ℃时是无色透明液体（装在安瓿瓶或钢瓶内），12 ℃以上时为气体，在空气中体积分数超过 3%时遇火爆炸；对微生物的毒效作用强，可杀灭所有的微生物，广泛用于不能用热力灭菌的器械和物品。环氧乙烷的穿透力很强，可透过塑料薄膜，因此，待灭菌的物品可封于塑料薄膜中。此外，环氧乙烷易燃，对人体有害，使用时要注意安全和防护。用于糖类灭菌时，将糖冷至 3～5 ℃，加体积分数为 1%的环氧乙烷，在 4 ℃冰箱中放置 1 h，取出，于温水浴中去除环氧乙烷，即可灭菌。

环氧乙烷的灭菌作用因浓度、温度和时间而异，温度高、浓度大，灭菌所需时间短；反之则长，可按条件和需要适当调节。例如，每升空气中环氧乙烷 500 mg，在 25 ℃时需 4 h，37 ℃时只需 1 h即可将枯草芽孢杆菌黑色变种（*Bacillussubtilis* var. *niger*）芽孢杀死。所以，用环氧乙烷灭菌，比较简单的方法是在容器内放置待灭菌的物品，然后按每升容积加 500 mg（约 0.6 mL）环氧乙烷，室温下放置 4～6 h（这时切忌火种靠近容器）。为提高灭菌效果和确保安全，可在密闭容器中进行，先将容器抽空，然后倒入 1/10 压力的环氧乙烷，再倒入 N_2 或 CO_2，使容器稍有负压，40 ℃下放置 4 h，水泵下抽去气体，通入 N_2 或 CO_2，开启容器，便可取出已灭菌的物品。

（五）辐射灭菌法

紫外线、X 射线、γ 射线在一定剂量下可以杀死微生物，常用来对某些物品进行灭菌。其中，X 射线和 γ 射线的穿透力强，对人体也有损害，需要一定的设备和防护措施，主要用于药物和食品的灭菌，其机制在于产生游离基，破坏 DNA。这里着重介绍最为常见的紫外线灭菌法和新兴的 ^{60}Coγ 射线辐照灭菌法。

1. 紫外线灭菌法　目前最常用的辐射灭菌方法。波长为 200～400 nm的紫外线具杀菌作用，以 265～266 nm 杀菌作用最好，这与 DNA 的吸收光谱范围一致。紫外线主要作用于 DNA，使一条 DNA 链上相邻的两个胸腺嘧啶共价结合而形成二聚体，干扰 DNA 的复制与转录，导致细菌的变异或死亡。紫外灯发出的主要为波长 253.7 nm 的紫外线，紫外线的辐射功率以 $mW \cdot s/cm^2$ 来计算，功率越大的灯效能越高。不同的菌有不同的致死剂量，芽孢杆菌致死剂量为 12 $mW \cdot s/cm^2$。根据照度定律，照度与光源光强成正比而与距离平方成反比。在固定光源时，被照物品越远，效果越差，因此应根据被照面积、距离等因素安装紫外灯。紫外线主要用于接种室消毒，通常一间 10 m^2 的房间安装 30 W 的紫外灯管 1～2 支。如将数支紫外灯安装在不同的角度，使室内各处的照度尽量均匀，消毒效果更好。室内消毒时开灯 30～60 min 即可。室温低于 4 ℃条件下紫外线的杀菌作用很弱，室内温度过高时也易导致杀菌力下降。紫外线的穿透能力很差，几乎不能穿透固体物质，对液体的穿透力也很低。同时，灯管上的污迹影响紫外线的透过，应经常用脱脂棉蘸乙醇擦拭。紫外线对人的眼睛有危害，并能引起毛发和皮肤的脱落，因此，在关闭紫外灯后方可进入室内。

2. ^{60}Coγ 射线辐照灭菌法 一种发展较为迅速的辐射灭菌方法。该方法具有穿透力强，操作简便，速度快，可在常温下进行，辐射剂量适当时不会破坏药品有效成分，无任何化学、放射残留，亦不会对人体产生伤害，且有在灭菌后较长时间内控制细菌的再增殖等优点，所以得到研究者们的关注。利用^{60}Co 释放的 γ 射线照射，使菌体蛋白质发生光解、变性，菌体内的氨基酸、核酸酶遭到破坏，菌体死亡。土壤、器械、容器、生产辅助用品、不受辐射破坏的原料及成品等均可用本法灭菌。采用辐射灭菌法灭菌的无菌产品，其无菌保证水平（sterility assurance level，SAL）应$\leqslant 10^{-6}$。γ 射线辐射灭菌调控的参数主要是辐射剂量（指灭菌物品的吸收剂量），常用的为 25 000Gy（1 Gy=1 J/kg）。该剂量的制定应考虑灭菌物品的适应性及可能污染的微生物最大数量及最强抗辐射力，所使用的剂量事先应验证其有效性及安全性，对最终产品、原料、某些器材应尽可能采用低辐射剂量灭菌。

需要重视的是，使用^{60}Coγ 射线进行辐照灭菌前应对被灭菌物品微生物污染的数量和抗辐射强度进行测定，以评价灭菌过程赋予该灭菌物品的无菌保证水平；灭菌时应采用适当的化学或物理方法对灭菌物品吸收的辐射剂量进行监控，以充分证实灭菌物品吸收的剂量在规定的限度内。如采用与灭菌物品一起被辐射的放射性剂量计，剂量计要置于规定的部位。初安装的剂量计应使用标准源进行校正，并定期进行再校正。^{60}Coγ 射线辐射灭菌法验证时，除进行生物指示剂验证试验外，还应确认空载和装载时灭菌腔内辐射剂量的分布图、灭菌物品的吸收剂量及最大和最小吸收剂量的分布、灭菌物品的均一性、灭菌腔内物品的装载方式等。常用的生物指示剂为短小芽孢杆菌（*Bacillus pumilus*）孢子。

（六）洗涤

微生物实验室的工作，除微生物学本身的常规分析项目外，还涉及很多有机、无机和生化分析内容。所使用的玻璃器皿数量大、种类多，要求也很严格。器皿清晰度如何，直接影响实验工作的质量。另外，微生物实验使用的器皿，难免带有某些有害于人畜和植物的病原微生物，洗刷时若处理不当就会危及人体健康和造成环境污染。因此，玻璃器皿的洗刷工作，是微生物实验室一个不可忽视的重要环节。实验用玻璃器皿的清洗工作从原则上讲，必须同时满足微生物学分析和化学分析两方面实验工作的一般要求，具体而言，洗刷好的玻璃器皿应保证没有可参加或影响化学反应的物质，保证没有微生物可利用或影响微生物生长的物质。

1. 常用洗洁剂及其用途　常用的洗洁剂有肥皂、洗衣粉、去污粉、洗液和有机溶液等。其中，肥皂、洗衣粉、去污粉用于可用毛刷直接刷洗的器皿；对于不能采用毛刷清洁的器皿，主要采用有机溶剂（如甲苯、二甲苯、汽油等）除去污垢，或使用乙醇、乙醚、丙酮处理带水的干净仪器。

2. 洗液配制与注意事项

（1）强酸氧化剂洗液。称取重铬酸钾 20 g，置于 40 mL 水中加热溶解，冷却后缓缓加入 360 L 工业用浓硫酸（绝不能把重铬酸钾水溶液加入硫酸中），边加边用玻璃棒小心搅拌。配好后冷却，装入瓶内，放在安全处备用。此液中重铬酸钾有很强的氧化能力，去污力甚强，对玻璃侵蚀作用小。新配时呈红褐色，多次使用后氧化力渐退，变墨绿色。洗液瓶要加盖，且不宜装满，以防硫酸吸水溢出。使用时要特别小心，不要溅到皮肤和衣服上，以免灼伤。

（2）碱性洗液。常用的有碳酸钠液（纯碱）、碳酸氢钠液（小苏打）、磷酸钠液、磷酸氢二钠液和稀的氢氧化钠液。以上各洗液中所配物质的质量分数一般在 5%左右。碱性洗液用浸泡（煮）法，切忌操作时用手直接拿取浸泡中的物品。

（七）洗涤方法与基本要求

微生物实验室洗刷量一般都很大，洗刷之后还要进行晾（烘）干、包装、灭菌等繁杂工作。为了保持实验室的环境，条件允许情况下最好单列一个洗涤室专用于洗刷工作。综合而言，用于常规微生物学实验的三角瓶等器皿须置于洗衣粉桶浸泡后用自来水刷洗干净，用于理化、生化类实验的三角瓶、比色管等须置于酸桶浸泡后用自来水刷洗干净，再用蒸馏水冲洗。在正式清洗器皿之前，有以下实验内容必须做到：土壤悬液要集中到适当的地方处理，不可进入下水道；固体培养基须刮入洗涤用铝锅内（锅要加盖），加热煮沸并集中到适当的地方处理。

一般的器皿，使用洗液、洗衣粉或去污粉洗净后，用自来水将洗涤剂彻底清洗干净，根据要求再用蒸馏水冲洗1～2次即可。洗干净的玻璃器皿应挂不住水珠，确切而言，应当看不到水珠，只看到器皿表面均匀、清澈的水膜，用指示剂检验残存的水应是中性的。微生物培养皿在划除培养基后须放到洗涤用铝锅内（加水），加热煮沸后用自来水清洗干净、晾干。培养过微生物的玻璃器皿，特别是培养过已知有害微生物的器皿，必须先经过高压蒸汽灭菌，然后按上述方法洗刷。清洗的污水、污物应集中到适当的地方，认真妥善处理。进行此类操作的人员应戴口罩和乳胶手套。工作完毕，操作人员的手应用乙醇消毒。载玻片、盖玻片，特别是用于细菌鞭毛染色或制作显微镜照相标本的玻片，要求表面必须非常光洁，所以不能用粗糙的去污粉用毛刷洗刷，而应先用碳酸钠洗液温水煮十几分钟，倾出洗液，在水龙头下清洗1～2 min，加入洗衣粉添水再煮10 min左右，待稍凉后，用手反复擦拭几遍（事先须用肥皂将手洗净）。然后，用自来水将手上的清洁剂冲洗掉，在流水下一片一片地冲洗玻片，边冲洗边用手擦，直到表面呈均匀水膜为止。最后，用蒸馏水冲洗一遍，把水甩净，放在纯乙醇中浸泡0.5 h脱水，用干净的纱布轻轻擦干，用干净滤纸或纱布包好待用。载玻片数量较多情况下，应避免操作过程中玻片相互摩擦致使表面划伤。

第三章 土壤微生物调查与分析方法

土壤是由有生命和无生命的多相物质以不同方式组合而成的复杂非均质体，含有水分、气体、生物及放射性核素等。为准确地研究土壤微生物过程，从土样采集、处理、存储直至分析的整个过程中均需要考虑温度、水分、氧气等环境条件以及储存时间等对土壤微生物区系及活性的影响，尽量避开那些可能改变土壤样品性质的因素。但是，一般采样过程是无法完全避免这些影响的，因此针对不同的测定要求可采取特殊的采样方法。如针对好氧微生物的研究，ISO 10381 国际标准提供了土样采集、处理及储存指南，讨论了如何将温度、水分、氧气等的影响降到最低，以便在实验室中实现可重复的测定。需要指出的是，这个推荐标准只适用于好氧条件下所测试的土壤，不适用于那些需要始终保持厌氧条件的土壤。

第一节　土壤样品采集与预处理

土壤样品的采集是研究土壤微生物生态分布规律和土壤理化性质分析工作的一个重要环节，是直接关系到分析结果以及由此得出的结论是否正确的一个先决条件。因此，采集的土壤样品必须具有代表性，要能最大限度地反映所代表区域或田块的实际情况。但是，大自然中土壤的分布情况是复杂的，且不同区域之间土壤的差异性也很大，所以土样的采集是一个较为复杂的问题。与此同时，土壤微生物的数量与土样的采集时间有很大关系，它随着季节的转换而变化，也随着雨季、旱季的变更而不同。因此，要想较全面地认识土壤微生物的生态分布规律，在一年的不同时期多次采样研究土壤微生物生态分布特征是有科学价值的。

一、准备工作

为了进行正确而规范的采样，首先应制订一个研究计划，包括研究目的、地点、样点数、采样方法和步骤、后处理和分析项目等，明确采样任务和要求，并注意查阅前人在同一地点或地区的研究结果，了解该地区的生物气候情况，包括地形、地貌、水文、地质、植被、农业和林业生产情况等。采样前应准备一份参照 ISO 10381 国际标准并根据研究目的而设定的采样报告表，一般要求包含以下内容：场地位置和采样确切位点，场地历史、相关细节及特征的综合描述，采样日期及时间，当时或临近取样前的天气状况（包括气温、降雨、阳光、云等），所用器械种类，样本过筛之前是否需要干燥，以及所有可能影响后续测试结果的其他因素。

采集的土壤样品最好具有便于过筛的含水量，避免雨季采土，也避免在长期（>30 d）干旱、冰冻或淹水之后立即取样。一般情况下，应当选择未经人为扰动的区域采集样品，如果是针对田间监测而做的研究，应符合实际的田间条件。需要强调的是，在采样时需对土壤、生物、气候等环境因子进行调查并做记录，如地形、植被、土壤剖面形态、土壤水热状况和质地等，因此需要做好相关记录准备。此外，采样时所用的工具、塑料袋或其他装土样的容器必须事先灭菌，或先用采样区内的土样擦拭，以控制外源物质的干扰。当然，也应避免使用从土壤中吸收水分或向土壤中释放溶剂或增塑剂之类物质的容器。

二、土样采集与记录

采样前先在所确定场地上选择确切的采集位置。土壤样品一般分为两种：一是单点样品，即每个样品只采一个点，根据物理性状测定要求可分为原状土采样和扰动土采样；二是混合样品，即每个样品是由若干个相邻样点的样品混合而成，样点数目需要根据实际情况确定，一般只适于采集扰动型样品。为了保证所采样品的代表性，绝大多数实验要求采用多点采样混合法。目前，多点采样的样点配置方法大体上有三种：随机布点法（可采用“之”字形采样）、系统布点法（可采用“方格法”采样）和非系统布点法（分别按X、W、N、S形的线段布点采样）。选择好位置后应进行场地描述，即对取样位置进行识别及记录，如在地图上参照易于辨认的静止物体或者使用详细的地图参照，可行时应对位置进行标记以便进行比较测试或采集重复样本（让他人无须其他引导即可找到），并对土壤取样场地的植被覆盖、生物与化学品施入及意外污染等历史情况进行记录描述。

具体采样步骤如下：①除去地面植被和枯枝落叶，铲除表面1 cm左右的表土，以避免地面微生物与土样混杂；②取样深度依研究设计而定，在同一剖面中分层取样时，应在挖好剖面后，先取下层土样，然后再取上层土样，以避免上下层土样混杂；③多点采样时采集重量大致相当的土样于塑料布上，剔除石砾或植被残根等杂物，混匀后根据研究情况，可只取其中的一部分土样带回实验室。采样时需要重点注意的一个环节就是样本标记，即清楚且明确地标记样本容器，以便每个样本都可以和其取样位置相联系，而且容易识别。

三、土样运输与储存

土样从采集位点到实验室内需要经历一定时间的运输。然而，土样在运输过程中或带回实验室后，原处自然条件发生改变，并有可能遭受空气中微生物的污染，这就可能引起样品中某些微生物的消长，进而导致土壤微生物区系发生变化。所以，土样采集后应尽快置于能够自由接触空气的黑暗状态中，并采用能够将土壤含水量的改变降到最低的方式进行运输。一般条件下，如果需要保持通气，可用聚乙烯袋、铝盒、玻璃瓶等容器，但要留有空间；如果需要保持厌氧状态，则用玻璃瓶等可密封的容器；如果需要保持原状，则需采用铝盒或聚氯乙烯盒等容器。土样运输过程应做到：

①尽可能保持低温环境，建议使用冰袋维持低温；②避免长期暴露于光线下，以减少藻类等在土壤表面的生长；③尽可能避免物理压实。

同理，土样储存的最基本要求是在储存时间内土壤性质不发生大的改变。至于不同类型土壤允许存放多长时间，目前还没有确切的报道，一般建议在黑暗、(4±2)℃并自由接触空气的条件下冷藏，因为这样可以减少细菌繁殖，维持微生物区系的稳定性，但绝不允许出现冰冻、干透或水浸。土样储存一般使用松散扎口的塑料袋或类似的物品，储存之前应该进行处理以保证稳定的有氧条件。应注意保证不能将土样进行大批储存、彼此堆叠，以免在储存容器的底部产生厌氧条件。当然，低温也可能造成某些微生物的死亡，目前关于低温对各种微生物死亡速率的影响研究较少，尚不能肯定这样是否可以保持原有微生区系不变。ISO 10381 国际标准指出，样品采集后储存时间最长不能超过 3 个月，除非有证据表明微生物活动会得到维持。因此，总的建议是，土样采集后尽快分析，将储存时间降到最短。

四、预处理与预培养

土样分析前应剔除植物残体、较大的土壤动物及石头等，多数条件下要求过 2 mm 筛以除去小的石头、动物及植物残体，而且该过程还可促进颗粒间的气体交换，有利于保持土壤的有氧条件。然而，一些有机物质（如粗腐殖质、泥炭等）不容易过 2 mm 筛，此时应该在湿润条件下过 5 mm 筛。如果土壤因为太湿而不能过筛，通常可在室温条件下进行风干，但应不超过过筛所需的必要程度。风干时将样品摊开，条件允许时还可置于轻微流动的空气中，以促进其均匀干燥，并不停地用手指捏碎并翻动土壤以避免表面过度干燥。

根据某些研究内容的具体要求，经预处理或储存过的土壤用于实验室测试之前，应进行预培养以重建微生物的代谢平衡，并便于植物种子的萌芽及去除。预培养条件取决于研究的目的，但是应该尽可能接近测试条件。预培养的时间取决于研究目的、土壤组成、储存与预培养条件，通常 2～28 d 就足够了。

五、样点布设、样品采集与记录

（一）土壤微生物调查样点布设方法

在全国 1∶50 000 土壤类型（土种）图的基础上，叠加 1∶50 000 土地利用类型图、1∶50 000 全国县级行政区划图、1∶50 000 地形地貌图，参考 1∶100 万全国耕地质量等级图、1∶100 万生态区类型分布图等，根据上述全国土壤微生物调查样点布设原则，按气候区类型、土地利用类型分布比例、耕地质量等级、土种面积比例等确定土壤微生物调查样点的分布比例，基于土种的典型分布区，在全国典型土壤剖面调查点分布图的基础上，确定土壤微生物调查样点分布。在没有土种分布图的地区，综合利用土地利用、地形地貌等信息确定土壤微生物调查样点分布。

（二）土壤微生物调查样点布设数量与区域

（1）根据气候带主导、兼顾自然经济条件原则，土壤微生物调查样点分布比例大约为东部∶中部∶西部为 65%∶30%∶5%。在河北南北温度梯度带上，通过土壤微生物调查样点的空间合理布点实现对不同气候带的全覆盖。

（2）根据农用地主导、兼顾其他用地类型原则，通过各地耕地、园地、林地、草地、其他土地利用方式面积占比确定土壤微生物调查样点比例。其中耕地样点，结合河北各地耕地质量等级面积占比，确定不同等级耕地土壤微生物调查样点比例，覆盖河北高、中、低三个等级的耕地。

（3）根据覆盖土壤三普所有调查土属、以土种作为基本分区单元原则，依据土属之土种分布面积所占比例，确定同一土属下土壤微生物调查的土种类型，每个土属至少一个土种类型；合理调整不同区域和土地利用方式下不同土种样点的数量，面积较大的土种，可根据土壤空间分布状况、行政单元、土地利用类型、气候、地形和植被条件等布设多个样点，例如不同土属可按土种面积占比和面积大小选择前10%～20%的土种布置两个样点。

（三）土壤微生物调查样地设置

（1）土壤微生物调查样地布设应以“三普”土壤剖面调查点为中心，土壤微生物调查与土壤剖面调查“共点”设置，具有与土壤剖面调查点相同的土壤理化性状、立地条件与生产利用情况。

（2）每个土壤微生物调查样地面积应大于1 hm^2。在平原区地形地貌简单、土种面积分布较大的地区，可按100 m×100 m正方形确定；在山区、湿地、梯田等地形地貌复杂、土种面积分布较小的地区，可根据具体土种形状与面积适当调整样地面积与形状，如丘陵山区狭长地带，可以采用50 m×200 m长方形确定样地，保证样地中土种类型的一致性。

（四）土壤生物样品采集

每个样点根据样地的地形、土壤条件划分为3个条件相对一致的采样区块（图3-1），采用分区随机采样法采集土壤生物样品。

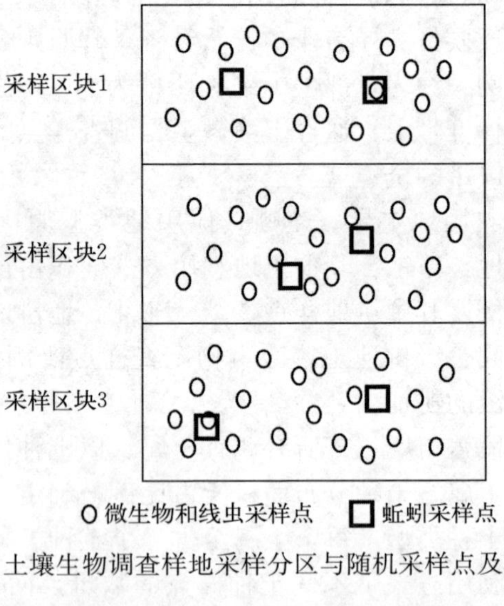

图3-1　土壤生物调查样地采样分区与随机采样点及样方布设

（1）土壤微生物和线虫采用土钻法采样。果园、林地去除地面植被和枯枝落叶，具体采样位置设在树冠边缘垂直下方；农田铲除地面表土，垄作农田采集垄上（种植作物条带上）非根际土。在每个采样区块，利用直径 50 mm 的不锈钢土钻随机采集 20 个 0～20 cm 土层的土壤样品，按四分法混合成 1 个土壤微生物样品和 1 个线虫样品，上述步骤再重复一次，每个采样区块采集 2 个混合样，每个样点共采集 6 个混合样，作为 6 个重复。

（2）土壤蚯蚓采用手拣法采样。在每个采样区块随机选择 2 个 1.0 m×1.0 m 的样方，利用手拣法采集 0～30 cm 土层中的所有蚯蚓。每个采样区块采集 2 个混合样，每个样点共采集 6 个混合样，作为 6 个重复。

（3）根据微地形调整采样区块形状与深度。土壤生物样品采集过程中如遇到垄作等微地形情形，应选择地表相对一致、生物活动活跃的采样区块，条件不能满足时可适当调整采样区块形状与深度，尽可能满足土壤生物样品采集面积与深度的要求。

（五）土壤生物调查人员组成和调查时间选择

（1）土壤生物调查在全国 8 个农业区域分区开展采样。每个区域根据调查样点数量，组织 3～5 支采样队伍。每队由 3～5 名具备丰富野外采样工作经验的人员组成，包括土壤微生物调查专业人员 1～2 名、土壤动物调查专业人员 1～3 名，至少 1 人具有高级职称，其中 1 人担任队长。

（2）土壤生物调查原则上在植物生长旺盛期，即土壤生物多样性和功能最高的时期采样。在耕地类型下，选择在作物生长旺盛期或多季作物的夏粮收获期进行（表 3-1）。

表 3-1 河北耕地划分区内土壤生物调查采样时间选择

耕地划分区	采样时间
中东部地区	4—5 月
东北部地区	6—7 月
西部地区、西北部地区	7—8 月

（3）土壤生物调查应避开导致土壤生物群落显著变化的环境和

管理条件。在实施野外采样时，根据区域天气和农业管理条件的变化，避开降雨等天气，以及施肥和灌溉等管理时期。

(4) 土壤生物调查与土壤剖面调查共点进行。土壤剖面调查获得的立地条件与生产利用状况等背景数据，以及土壤剖面表层样品理化分析数据与土壤生物调查数据共同建立土壤数据库，共同开展土壤质量、土壤多样性和土壤生物健康评价。

六、土壤生物样品运输与预培养

(一) 样品保存与运输

在样地里采集土壤线虫和微生物样品后，装在无菌自封袋中立即转移至样品中转站保存。具体操作如下：选取保温性能好的塑料收纳箱，用保温铝箔将收纳箱内侧包裹紧实，按照采样点将土壤线虫和微生物样品分开存放于两个收纳箱中。为保证采集线虫和微生物的生物活性，土壤样品与干冰冰袋分层放置进行低温储存，使土壤样品处于低温状态且受冷均匀，降低温度对线虫和微生物样品的影响。土壤线虫根据运输时间长短，保持土壤40%～60%的水分。选用顺丰等特快专递寄送样品，样品运输途中避免雨淋和暴晒。在邮寄样品时还需再一次核对样品类别和数量。

(二) 样品中转站

样品中转站集成了标准化收集、处理、储存和分配土壤微生物与线虫样本等功能。中转站线虫和微生物样品库分别配有专人负责。①加工处理组：负责接收入库生物样品，核对样品类别和数量，并根据样品种类与研究需求进行分装和处理等。②冻存管理组：负责样品的出入库管理、追踪核实样本库存情况与质量检测控制等工作。

中转站配备低温保存土壤微生物和线虫样品的冰箱（4 ℃冰箱和－80 ℃超低温冰箱）。土壤微生物和线虫样品短期保存于 4 ℃冰箱，样品采集的一周内需完成线虫分离和制片，以及微生物和线虫基因组 DNA 提取。提取的微生物和线虫基因组 DNA 加入甘油保存在冻存管中，储存于－80 ℃超低温冰箱，避免反复冻融，提高样本中 DNA 的稳定性。冻存管上标记二维码信息，方便信息提取和快速查询。

第二节 土壤微生物生物量测定

土壤微生物生物量是指土壤中个体体积小于 5 000 μm^3 的活微生物总量，包括土壤微生物生物量碳、氮、磷、硫等，其中以碳最为关注，氮次之。微生物生物量的测定除了用分离培养法或直接镜检法测算土壤微生物的数量，然后根据各类微生物的密度折算为菌体质量外，最常用的方法是用生物化学方法，包括测定微生物细胞体降解产生 CO_2 的量或菌体中某种组分的量等来计算微生物生物量，如氯仿熏蒸法、腺苷三磷酸（ATP）测定法、几丁质含量换算法以及磷脂脂肪酸分析法等。其中，磷脂脂肪酸分析法根据不同微生物类群细胞膜上含有不同的磷脂脂肪酸，而且它的含量与微生物生物量具有一定的比例关系，因此可以通过测定各类磷脂脂肪酸的含量，从而获得相应微生物类群的生物量。

一、氯仿熏蒸浸提法

（一）意义范围和质控

熏蒸法测定的土壤微生物生物量指土壤中活体微生物细胞的含量，这一指标可以测定细胞中的碳、氮、磷、硫含量，计算微生物细胞内元素的化学计量比，并估算对土壤或添加外源有机物料的矿化能力。氯仿熏蒸浸提法（FE）适用土壤 pH 范围广泛的好氧和厌氧（淹水、稻田）土壤。本方法也适用于包含易分解有机底物和硫酸钾溶液过饱和土壤生物量的测定。氯仿熏蒸也会影响土壤动物，但对土壤有机碳贡献一般小于 5%，通常可以被忽略不计。调动土壤普查管理平台系统，对数据进行审查备案。随机抽取同一批样品的 1%～5%进行检查。采用技术规程规定的方法，对指标进行复核。

（二）规范性引用文件

ISO 10381 - 6：2009 土壤质量-取样-第 6 部分：实验室中微生

物工艺、生物统计和多样性评估用有氧条件下土壤的收集、处理和贮存指南。

ISO 10694：1995 土壤质量-土壤有机质和总碳的测定：干烧法（元素分析）。

ISO 11465：1993 土壤质量-土壤的干重和水含量的测定：重量法。

（三）术语和定义

土壤微生物生物量：土壤中活体微生物细胞的质量。这一指标可通过测定这些细胞中碳或氮的含量，或者测定添加碳源的矿化能力来估算。如采用碳或氮含量分析，则可能包括死细胞或者细胞碎片；如测定土壤呼吸，则仅能测到活体细胞。

（四）原理

新鲜土壤经氯仿熏蒸后，活体微生物细胞被裂解，释放出微生物有机质。熏蒸对非活体的土壤有机质无显著影响。土样经氯仿熏蒸 24 h，土壤有机碳能够被 0.5 mol/L K_2SO_4 溶液定量提取并被测定出来，根据熏蒸土样与不熏蒸土样测定的有机碳差值，可以估计土壤微生物生物量碳。

（五）试剂和材料

1. 土壤 土样应遵照土壤采集、处理及贮存指南（ISO 10381－6）。土样过筛（孔径<2 mm）并混匀，在室内适当风干至土样含水量约为田间持水量的 40%。

土壤田间持水量测定见附录 A。

土壤样品的含水量宜高于 30%田间持水量，以确保氯仿均匀分布和有效熏蒸。本方法特别要注意潮湿土壤的板结，淹水的土壤样品在分析之前不必进行干燥处理。

2. 试剂 应使用公认的分析纯试剂，包括：

（1）硅脂（中等黏度）。

（2）去乙醇氯仿。在光照条件下，去乙醇氯仿迅速降解，形成碳酰氯（$COCl_2$）气体，具有无色无味和高毒性。

（3）硫酸钾溶液，c（K_2SO_4）=0.5 mol/L（ρ=87.135 g/L）。

(4) 碱石灰。

(六) 仪器及实验耗材

(1) 恒温培养箱，(25±2)℃培养。

(2) 防爆干燥机。

(3) 滤纸。

(4) 玻璃烧杯。

(5) 有盖培养皿。

(6) 塑料瓶（250 mL）。

(7) 抽真空装置（水泵或电泵）。

(8) 水平或架空摇床。

(9) 冰箱（−20～−15 ℃）。

(10) 防爆沸颗粒。

(七) 熏蒸和提取

1. 熏蒸　将干燥器底部平铺湿润滤纸后再进行土样熏蒸。

称取经前处理相当于25～50.0 g烘干基的新鲜土样3份，置于玻璃烧杯或有盖培养皿中。将烧杯或培养皿放入真空干燥器中，并放置盛有25 mL去乙醇氯仿的烧杯1只，烧杯内放入少量防爆沸颗粒，同时放入一小烧杯碱石灰溶液。抽真空使氯仿剧烈沸腾约2 min。关闭干燥器抽真空阀门，将其在（25±2)℃恒温培养22～24 h。

如果没有足够的土壤，使用较小规模的样品应保证土壤与提取剂的比例保持不变（土水比为1∶4）。为获得最大的提取物质，土壤有机质含量超过20％时（有机质含量的测定见ISO 10694），增加土壤与提取液的比例（当土壤有机质含量超过95％时，最大比例是1∶30，例如土壤L-layer)。记录使用土壤的质量。

熏蒸结束后，从干燥器中取出含氯仿的烧杯和滤纸。干燥器反复抽真空（6次，每次2 min）直到土壤无氯仿味为止。熏蒸好的土壤以备提取用。

另称取不熏蒸土样（相当于50.0 g烘干基的新鲜土样）3份，置于塑料瓶作为对照土样。立即用200 mL K_2SO_4 进行提取。

2. 提取　为提取有机碳，将熏蒸土样无损地转移到聚乙烯塑料瓶中，加入 200 mL K_2SO_4，用水平振荡器振荡 30 min（200 r/min），或用立式振荡器振荡 45 min（60 r/min），提取液用滤纸过滤到塑料瓶中。未熏蒸的对照土壤用同样的方法提取和过滤。

若未及时分析，需将熏蒸和未熏蒸的土样置于－20～－15 ℃的冰箱中保存。取样分析前在室温下解冻并充分摇匀。

土壤提取液特别是低温下保存的土壤提取液，解冻后会出现一些白色沉淀（$CaSO_4$ 结晶），对有机碳测定没有影响，不必去除，但取样前应充分摇匀。

幼嫩活根的细胞膜也会影响氯仿熏蒸的效果。若土壤中含有大量活性根，参照附录 B 进行预提取处理。

（八）提取物中碳的测定

土样中微生物有机碳含量可被分析测定，也可以进行土壤样品之间的比较。微生物生物量的确定需要乘以转换系数，此系数是通过添加已知碳含量的微生物细胞后进行熏蒸提取分析，然后换算而得。所有的转换系数都与这个初始数值相关。碳含量的测定使用重铬酸钾氧化容量法或仪器分析法。

1. 微生物生物量碳——重铬酸钾氧化容量法

（1）原理。强酸条件下，有机质被氧化，同时 Cr^{5+} 被还原为 Cr^{3+}，剩余的重铬酸钾用来滴定，通过所消耗的重铬酸钾量计算碳的含量。

（2）附加试剂。

重铬酸钾：$c(K_2Cr_2O_7)=0.0667$ mol/L(1 L 水中溶解 19.612 5 g 烘干的重铬酸钾)。重铬酸钾是一种有毒物质，使用和最终处置时应当十分谨慎。

磷酸（H_3PO_4）：$\rho=1.71$ g/L。

浓硫酸（H_2SO_4）：$\rho=1.84$ g/L。

硫酸亚铁铵滴定液：$c[(NH_4)_2Fe(SO_4)_2 \cdot 6H_2O]=0.040$ mol/L。15.69 g 硫酸亚铁铵溶于去离子水，缓缓加入 20 mL 浓硫酸，用去离子水定容至 1 000 mL。

1，10-邻菲罗啉硫酸混合液：$c=0.025$ mol/L。

酸混合液：2倍体积的浓硫酸与1倍体积的磷酸混合。

(3) 附加仪器。

李比希式冷凝器（冷凝水）。

250 mL 圆底烧瓶。

酸式滴定管：10 mL，以 0.05 mL 刻度标记。

吸管：2 mL。

(4) 程序。吸收 8 mL 的过滤提取液（P_S）于圆底烧瓶中，用吸管加入 2 mL 重铬酸钾（P_D）和 15 mL 酸混合液。通过冷凝器轻轻地回流混合液 30 min，用 20～25 mL 水冲洗使之冷却和稀释。

用同样的方法消化含 8 mL 的硫酸钾溶液（空白样）。消化的空白样也被称为“回流空白”。

加入几滴邻啡罗啉硫酸混合液作为指示剂，用硫酸亚铁铵溶液回滴过剩的重铬酸钾来测定。

(5) 结果计算。有机碳含量按照式（3-1）和式（3-2）计算。

$$C_1(\mu g/mL)=[(V_H-V_S)/V_C]\times M\times P_D\times E\times 1\,000/P_S \quad (3-1)$$

式中　V_S——样品消耗的滴定体积，mL；

V_H——回流空白消耗的滴定体积，mL；

V_C——未回流空白消耗的滴定体积，mL；

M——重铬酸钾的浓度，mol/L；

P_D——添加的重铬酸钾溶液的体积，mL；

P_S——添加的样本的体积，mL；

E——有机碳转换为 CO_2 的转换系数，取值 3。

$$C_2(\mu g/g，干土)=C_1\times(P_K/D_W+S_W) \quad (3-2)$$

式中　P_K——提取物的质量，g；

D_W——样品烘干重（按照 ISO 11465 的标准测定），g；

S_W——土壤水（水重/烘干土重）（按照 ISO 11465 的标准测定）；

微生物生物量碳 B_C 含量按照式（3-3）计算。

$$B_C=E_C/k_{EC} \quad (3-3)$$

式中　E_C——熏蒸土样提取有机碳的质量－不熏蒸土样提取

有机碳的质量；

k_{EC}——0.38。系数 k_{EC} 是由熏蒸培养法和熏蒸提取法分别测定 12 个土壤的关系计算而得。

2. 微生物生物量碳——碳光谱分析法

（1）原理。提取的土壤有机碳在过硫酸钾（$K_2S_2O_8$）溶液中能够氧化为二氧化碳，二氧化碳可以通过红外（IR）或紫外（UV）光谱分析测定。

（2）附加试剂。

过硫酸钾溶液（$K_2S_2O_8$）。

磷酸（H_3PO_4）。

聚合偏磷酸钠［（$NaPO_3$）$_n$］：超级纯。

过硫酸钾试剂：20.0 g 的过硫酸钾溶于 900 mL 去离子水，用磷酸调节 pH 至 2.0，最后用去离子水定容至 1 L。

聚合偏磷酸钠试剂：50.0 g 聚合偏磷酸钠溶于 900 mL 去离子水，用磷酸调节 pH 至 2.0，最后用去离子水定容至 1 L。

（3）附加仪器。碳-自动分析仪（红外检测法）或连续流动分析仪（比色法检测）。目的是基于紫外活化过硫酸钾氧化有机碳测定微生物生物量碳。

（4）程序。对于自动化的紫外过硫酸钾氧化方法，需取 5 mL 过硫酸钾土壤提取液与 5 mL 聚合偏磷酸钠溶液混合。这个过程可以将土壤提取液中 $CaSO_4$ 沉淀溶解。过硫酸钾试剂被自动送入紫外氧化室，在这里由紫外光激活使有机碳氧化为 CO_2，通过红外线吸收光谱或紫外光谱测定 CO_2 的含量。

（5）结果计算。

土壤有机碳含量按式（3-4）计算。

$$C(\mu g/g，干土)=[(V\times D_V)-(B\times D_B)]\times(P_K/D_W+S_W) \tag{3-4}$$

式中　V——样品碳浓度，μg/mL；

D_V——聚合偏磷酸钠稀释样品的体积，mL；

B——空白 C 浓度，μg/mL；

D_B——磷酸钠稀释空白的体积，mL；

P_K——见式（3－2）；

D_W——见式（3－2）；

S_W——见式（3－2）。

微生物生物量碳 B_C 按式（3－5）计算。

$$B_C = E_C / k_{EC} \tag{3-5}$$

式中　E_C——熏蒸土样提取的有机碳的质量－不熏蒸土样提取的有机质的质量；

k_{EC}——0.45。

其中，转换系数 k_{EC}，是根据熏蒸培养与熏蒸提取法测定 23 种土壤微生物生物量碳的统计学回归关系间接获得的。它使熏蒸提取法结合使用的 ^{14}C 标记进行有机质分解的研究成为可能。

（6）精度。附录中总结了实验室检测该方法的精度的详细信息。该实验室检测所得的值仅适应于附录 C 提供的土壤所示的浓度范围。

二、底物诱导呼吸法

底物诱导呼吸法（substrate－induced respiration，SIR）是一种简单、快速且经济的土壤和残体的微生物生物量碳的测定方法。该方法的理论依据是当添加可溶性底物后，微生物产生 CO_2 的初始速率与微生物生物量存在一定比例。这种方法最初用来区别细菌和真菌的生物量，现在被标准化为氯仿熏蒸培养法（chloroform fumigation incubation method，CFIM）用来定量土壤微生物生物量。采用这个方法有两点要求：①土壤中必须有充足的底物；②对底物的响应必须在生物量增大之前测定。所以需要进行预试验来绘制葡萄糖饱和曲线、微生物生长曲线以确定滞后时间（Smith et al.，1985）。

（一）底物诱导呼吸作用

底物诱导呼吸法从 20 世纪 70 年代末期出现以来受到广泛关注（Anderson et al.，1978），直到 21 世纪仍在使用并不断改进。SIR

对于潜在微生物生物量（预培养土壤）、不同培养时期土壤的微生物生物量，以及原位土壤微生物生物量的测定都很有用。

1. 材料和试剂

（1）合适的培养容器。如果呼吸作用产生的 CO_2 通过气相色谱法（gas chromatography，GC）测定，培养容器应该有匹配的不透气橡胶隔膜；如果产生的 CO_2 通过滴定法来测定，试验就需要更大的培养容器。标准气相色谱法测定需要 40 mL 带螺旋盖的平底玻璃容器或者 50 mL 带套筒式橡胶瓶塞的厄伦美厄烧瓶（erlenmeyer flasks）。

（2）试剂纯葡萄糖（分子量 180.16）。

（3）移液管。

（4）小铲子。

（5）带热导池检测器（TCD）的气相色谱仪（GC）。

（6）CO_2 标准气体。

2. 步骤

（1）SIR 基础步骤。

① 称取 10 g（烘干重）土壤重复样品置于 40 mL 培养瓶中，样品必须足够干以便加入大量溶液时不被淹没。

② 根据葡萄糖饱和曲线添加适量的葡萄糖溶液。混匀土壤，隔绝空气并加盖。记录时间并准备下一个瓶子。

③ 1 h 后，用注射器在瓶子的顶部取气，注射适量气体到气相色谱仪中。所有样品重复此步。使用配备 Carboxen－1000 色谱柱（4.5 m×0.317 5 cm，Supelco）的 Hewlett Packard5890SeriesⅡ气相色谱仪测量 1 mL 顶空气体中的 CO_2 浓度。注射温度是 150 ℃，检测器温度是 300 ℃。起始炉温是150 ℃，在前 2 min 升温至 210 ℃。总运行时间为 4.5 min，CO_2 洗脱时间为 3.9 min。

④ 通过和 CO_2 标准曲线比对或根据步骤一计算 CO_2 释放量，即诱导呼吸量，以单位干土（g）、单位时间（h）释放的 CO_2 量（μL）表示。

（2）土壤微生物生物量碳（mg/kg）计算公式如下：

$$B_C = 15 \times SIR \tag{3-6}$$

式中 15——SIR 转换为微生物生物量碳的系数。

SIR——底物诱导法测得微生物生物量碳。

(3) 葡萄糖饱和曲线。

① 称取 10 g（干重）土壤重复样品，放置在 40 mL 培养瓶中。准备足够的瓶子配制 4～6 个浓度的葡萄糖，葡萄糖浓度建议为 0 μg/g、200 μg/g、400 μg/g、600 μg/g、800 μg/g，相当于含碳 0 μg/g、80 μg/g、160 μg/g、240 μg/g 和 320 μg/g。需要调节葡萄糖溶液浓度使得加入的溶液将土壤含水量调节到田间持水量（−0.033 MPa）。

② 每次准备一个瓶子，添加适量的葡萄糖溶液，另外在对照瓶子中加入等体积的水。混匀土壤，充入湿润的空气，加盖。记录时间准备下一个瓶子。

③ 1 h 后，用注射器抽取瓶子顶部的气体并将适量的气体充入气相色谱仪中。每个瓶子重复相同操作。

④ 绘制添加葡萄糖后 1 h 反应时间内的饱和曲线。作图条件是：葡萄糖浓度达到最大值，即葡萄糖浓度增加反应不再继续。对于 SIR 试验来说，最佳的葡萄糖浓度是在恒定响应曲线的顶部，以确保在变化的条件下土壤葡萄糖浓度仍然饱和。

(4) 微生物生长曲线。

① 称取 10 g（干重）土壤重复样品，放置在 40 mL 培养瓶中。

② 根据葡萄糖饱和曲线向土壤添加适量葡萄糖。混匀土壤，充入湿润的空气，加盖。记录时间并准备下一个瓶子。

③ 1 h 后，用注射器抽取瓶子顶部的气体样品并将适量的气体充入气相色谱仪中。往瓶子中充入湿润的空气继续密封。持续 6～8 h，每 1 h 取样一次。每个瓶子重复相同操作。

④ 通过方程计算 CO_2 呼吸速率，并绘制 CO_2 呼吸速率随时间变化的曲线图，确定 CO_2 呼吸速率上升的时间点（在呼吸速率上升之前的任何时间段都可取样并根据 SIR 测定）。

(5) 土壤前处理和准备。

① 为了测量新鲜土壤的微生物生物量，土壤采样时应使土壤

含水量低于田间持水量（－0.033 MPa）。过筛（2～6 mm）、混匀土壤，称取两份样品在 105 ℃测定含水量。称取 3～10 g 样品分别放置在 40 mL 玻璃容器中。按照上述 SIR 的步骤进行操作。

② 为了测定潜在的土壤微生物生物量，在第一步的基础上用封口膜把瓶子封起来，然后在黑暗处培养 5～7 d。在预培养的过程中向瓶中充入湿润的空气至少 1 次。预培养以后，按照上述 SIR 的步骤进行操作。

③ 对于土壤培养中的微生物生物量测定，最好在培养前准备一系列瓶子，随着培养的进行在每个瓶中破坏性取样。然后按照步骤一在每个时间段采集 3 个重复。在每个采样时间点，取走培养室中的 3 个样品并按照 SIR 的基本步骤进行操作。

④ 对于微生物生物量的原位测定，使用高 7 cm、直径 5 cm 的塑料或者金属圆柱体。将直径 5 cm 的圆柱体按入土壤中，取出土柱，将厚度为 5 cm 的橡皮纸放入孔中代替土柱。另外，重复的土柱样品用来测定土壤含水量。估测圆柱体中干土的量。准备大量的葡萄糖注射液来达到每克土壤合适的葡萄糖浓度和最佳的含水量。圆柱体用密封的塑料膜覆盖以便扎针。1 h 后，在圆柱体的顶端取样并按照 SIR 的基本步骤进行操作。

3. 计算

（1）瓶子顶端的 CO_2 计算。

CO_2（顶端）＝（样品最高峰－空气样品最高峰）/标准样品最高峰×CO_2（标准）　（3－7）

（2）如果 CO_2 浓度通过气相色谱仪测定，必须从顶部空间的 CO_2 浓度来确定土壤释放的 CO_2 量。在试验过程中不需要氢氧化物小瓶子。当试验中有 10 g 干土时，每克干土产生的 CO_2 量［mL/(h/g)］计算如下：

CO_2＝［CO_2（顶端）/100］×所有瓶顶空间高度/(1×10)（3－8）

（3）微生物生物量碳通过方程（Anderson et al.，1978）计算得到，该方程在 22 ℃±0.5 ℃条件下有效：

CO_2（mL/h，100 g）＝呼吸速率×100　（3－9）

$$微生物生物量（mg，100\ g）=40.04\times CO_2+0.37 \quad (3-10)$$

4. 注释

（1）底物诱导呼吸法采用装有 NaOH 的瓶子去收集底物诱导产生的 CO_2，因为该方法是以 h 为单位来计算得到的，由于滴定法计算 CO_2 具有低敏感性，试验用土需要增加到原来的 2～3 倍，CO_2 在 3 h 内测定然后用式（3－8）计算是可取的（只要依据微生物生长曲线得出 CO_2 产生速率在这个时间段是不变的即可）。高 pH 土壤可能不适合用静态捕获方法，因为当土壤 pH 上升时，增加的 CO_2 以 HCO_3^- 的方式溶解于土壤溶液中，连续流动系统可以用来准确地测量 CO_2 释放速率（Martens，1987）。

（2）如果滞后期是稳定的，底物添加后培养时间可以改变。变化包括 1 h 后的测量（或者封口 2 h 后测量第 3 个小时产生的 CO_2）。这些改变通常是为了方便处理大批量样品。

（3）许多土壤的葡萄糖饱和浓度是 600～1 000 μg/g。葡萄糖饱和水平随着土壤中有机碳水平的上升而上升，而土壤质地对葡萄糖饱和水平影响不大。

（4）土壤中存在污染物或者极度贫瘠的土壤（如底层土壤）可能会使呼吸 C/同化 C 严重倾斜而导致式（3－9）不再适用。因为这个方程是基于一般土壤条件得到的，在该条件下不同生理阶段的细胞都是存在的（Anderson et al.，1978）。为了保证土壤条件可以适用该方程，在筛选或储藏后需要 1 周的预培养试验（Anderson et al.，1978）。

（5）SIR 的精确度非常高，在很多文献报道中不同重复间的变异系数（coefficient of variability，CV）为 1%～6%。笔者调查的田间数据表明，在一个 0.5 hm^2 田块的 220 个样品数据中，采用 SIR 测定微生物生物量的空间变异度是 31%，重复间变异度是 3%。在更大规模的田间试验中（60 km^2）有 161 个样品，空间变异度是 53%，而重复间变异度只有 5%。所以该方法更有利于解释自然界中微生物生物量的变异度。

（6）式（3－7）至式（3－10）调节成适合瓶中充入无 CO_2 空

气的情况，这样空气的峰值点不需要减去。另外，很多气相色谱程序会将峰高或者峰面积调成标准曲线，继而直接将 CO_2 结果给出。类似地，微生物生物量常被表示为每克土壤所含微生物生物量碳（g），而不是每 100 g 土壤所含微生物生物量碳（mg）。

三、腺苷三磷酸测定法

腺苷三磷酸（ATP）存在于所有活细胞中，是能量的“储存库”和“传递者”，土壤中的 ATP 含量是土壤生命的有效指标。活微生物细胞中 ATP 的含量是相对稳定的，每个细胞含 $1\times10^{-10}\sim4\times10^{-10}$ μg；当细胞死亡后，它从细胞中释出，极易被分解。因此，可以通过测定土壤的 ATP 含量作为土壤微生物生物量的定量指标。此法灵敏度高，但受土壤磷含量等因素的影响。

1. 基本原理 土壤中 ATP 含量的测定是通过荧光反应机制进行的，该反应除了需要荧光素、荧光素酶、氧及镁盐外，还需要 ATP，同时发光强度又与 ATP 含量成正比，其反应过程表示为：

$$荧光素+O_2+ATP\xrightarrow{荧光素酶、Mg^{2+}}氧化型荧光素+ADP+PO_4^{3-}$$

使用适当的提取剂从土壤中提取 ATP，然后用分光光度计测定引发荧光素-荧光素酶反应的强度，经换算可得微生物生物量。

2. 试剂配制

（1）缓冲液。31.2 g $Na_2NAsO_4\cdot7H_2O$ 溶于 800 mL 蒸馏水中，加入 10 mL 0.2 mol/L EDTA（4 钠盐）。再加入 100 mL 含 2.46 g $MgSO_4\cdot7H_2O$ 溶液（0.1 mol/L），然后用 1 mo/L H_2SO_4 调至 pH 7.4，最后稀释至 1 L。此溶液含 0.1 mol/L 砷酸盐、10 mmol/L Mg^{2+} 和 2 mmol/L EDTA 溶液。

（2）ATP 标准溶液（0.1 mmol/L）。称 6.23 mg ATP（2 钠盐，4 分子水）溶于 1 L 水中，−15 ℃保存，紫外线吸收法进行标定（259 nm，pH 7.0 时 Ac=15.4×10^3 RLU）。

（3）提取剂 A。81.6 g 三氯乙酸和 89.6 g $Na_2HPO_4\cdot12H_2O$，

溶于 600 mL 水中。加入 100 mL 含 25.8 g 二甲基双吡啶二氯化物溶液，稀释至 1 L，则得含 0.5 mol/L 三氯乙酸、0.25 mol/L 磷酸盐、0.1 mo/L 二甲基双吡啶二氯化物溶液。此溶液 pH 1.6，溶液保存于－15 ℃备用。可采用的抽提剂系统有 0.3 mol/L H_2SO_4、三羟甲基缓冲液、0.5 mol/L NaHCO、—$CHCl_3$、HCOOH、$HClO_3$。

(4) 提取剂 B。5 mL 0.1 mmol/L ATP 溶液用提取剂 A 稀释至 1 L，－15 ℃保存。

(5) 荧光素酶混合液。1.3 mg 荧光素酶在 0 ℃下溶解于 0.25 mL缓冲液中，间隙摇动，2 h 后再加入 5 mL 缓冲液，用 0.45 μm滤膜过滤，5 ℃下只能存放 3～5 h。用前加入等量的 D-荧光素溶液（250 μg/mL，－15 ℃可保存数天），于低温处吸取该溶液以减少背景值。

3. 操作步骤　称取 4 份新鲜土样（过 2 mm 筛），每份含相当于 2.5 g 干土。置于 50 mL 聚乙烯离心管中，冰浴。然后在编号 1 和 3 离心管中加入 25 mL 提取剂 A，在编号 2 和 4 离心管中加入 25 mL 提取剂 B，超声波振荡分散 1 min，冰浴冷却 5 min，过滤（沃特曼 4 号滤纸）或冷冻离心（3 000 g，1 min）。将滤液或上清液快速干冻，保存于－15 ℃备用。在此条件下保存 6 周，ATP 的含量没有变化。对于碳酸盐土壤，可先把土壤 pH 调至 2.0。有机质含量高（>5%）的土壤，可取 0.5～1.0 g 土壤。于 25 mL 经酸洗过干燥的闪烁计数皿中，加入 5 mL 缓冲液、50 μL 提取剂 A、100 μL 荧光素酶液。盖上盖，摇匀。将闪烁计数皿置于 Packard Medol3175 液体闪烁能谱计上，记录读数，每一样品重复 3 次。标准曲线的绘制：于 25 mL 闪烁计数皿中加入 5 mL 砷酸盐缓冲液、50 μL 提取剂 A、100 μL 荧光素酶液、50 μL 砷酸盐- ATP 溶液（取 0.1 mmol/L ATP 标准溶液，用砷酸盐缓冲液稀释，分别配制含 0 mg/L、1.5 mg/L、2.5 mg/L、5.0 mg/L、10.0 mg/L、25.0 mg/L、40.0 mg/L 和 50.0 mg/L ATP 的溶液，用时配制）。然后置于液体闪烁能谱计上，记录读数，并作图。ATP 含量（mg/kg）在 1～25 mg/L 标准曲线范围内呈线性关系。

4. 结果计算

$$ATP\ 含量=6.89\times\frac{a}{W_S\times(a-b)}$$

式中 a——新鲜土（含干土重，W_S，g）用 25 mL 提取剂 A 制成的样品测出的 ATP 含量，mg/kg；

b——新鲜土（含干土重，W_S，g）用 25 mL 提取剂 B 制成的样品测出的 ATP 含量，mg/kg；

6.89——25 mL 提取剂 B 中加入的已知 ATP－Na 含量，μg；

W_S——样品的重量。

四、土壤麦角甾醇分析法

麦角甾醇是真菌和藻类等微生物细胞膜双层结构的重要组成成分，大部分以游离态存在于细胞膜磷脂层中，少量通过酯键与脂肪酸结合。由于只有真菌和藻类细胞才能合成麦角甾醇，因此一些学者提出用麦角甾醇含量来估算土壤真菌生物量。

1. 基本原理 本方法是基于新鲜土壤经有机溶剂浸提，浸提液经皂化、萃取和干燥后，得到的麦角甾醇采用液相色谱仪测定，同时用外加麦角甾醇的回收率进行校正，根据麦角甾醇含量估算土壤真菌生物量。

2. 试剂配制

（1）色谱纯甲醇、乙醇、乙烷、KOH。

（2）麦角甾醇标准系列溶液。将浓度为 100 mg/L 的麦角甾醇标准溶液，用甲醇依次稀释至浓度为 0 mg/L、2.5 mg/L、5.0 mg/L、10.0 mg/L、20.0 mg/L、30 mg/L 和 40 mg/L 的麦角甾醇标准系列溶液。麦角甾醇溶液见光易分解，应在用前配制。

3. 操作步骤

（1）浸提。称取新鲜土壤（相当于干土 25.0 g）3 份分别放入 3 个 250 mL 离心瓶中，加入 120 mL 5 ℃的甲醇，在冰浴中超声波处理 3 min，然后冷却 15 min，并在 0 ℃下 6 000 r/min 离心 15 min。

(2) 皂化。吸取 100 mL 离心后的上清液于 250 mL 磨口圆底烧瓶中，加入 20 mL 乙醇和 10 g KOH，在水浴器中回流反应 1 h (90 ℃)。反应结束后将样液冷却至 5 ℃，全部转移到 250 mL 分液漏斗中，用 25 mL 色谱纯水洗涤。

(3) 萃取。加入 60 mL 乙烷于上述经洗涤后的溶液中，剧烈摇动 100 次左右。静置几分钟使溶液分层，下层甲醇溶液放入三角瓶中备用，上层乙烷溶液转移到干燥洁净的磨口圆底烧瓶中。将上述甲醇溶液放入分液漏斗中，再加入 60 mL 乙烷，同上进行萃取，共 3 次。所有乙烷溶液均收集到 250 mL 磨口圆底烧瓶中，在 28 ℃下用旋转蒸发器干燥。

(4) 回收。称取新鲜土壤（相当于干土 25.0 g）3 份，加入 1.50 mL 100 mg/L 麦角留醇标准溶液，同上浸提、皂化、萃取和干燥，用于测定麦角甾醇回收率。

(5) 分析。经干燥的麦角甾醇浸提物立即溶于 1.0 mL 甲醇中，在微热条件下再无损地转移到 5.0 mL 容量瓶中，用甲醇定容，立即测定，或转移于塑料瓶中 −20 ℃保存。用 100 μL 微量注射器吸取麦角甾醇标准溶液和麦角甾醇样液，于 HPLC 上测定，用质量分数为 98%的甲醇作流动相，流速为 2.0 mL/min，压力为 10.35 MPa，麦角甾醇在色谱柱内的滞留时间为 6.5～7.0 min。

4. 结果计算 (mg/kg)

$$土壤麦角甾醇含量=\frac{P\times\rho\times V}{m\times R}$$

式中 P——样品吸收峰值，mm；

ρ——单位吸收峰相应的麦角甾醇浓度，mg/L；

V——测定时进样体积，5 mL；

m——干土重，g；

R——外加麦角甾醇的回收率。

五、土壤几丁质分析法

几丁质是真菌细胞壁的常见组分，处于细胞壁的内层部位，靠近质膜，与真菌形态及分隔形成等相关，是研究真菌形态的重要生化指标之一。真菌中的几丁质为α-几丁质，其糖链相互呈反向平行排列，还原末端出现邻近两个长链的对侧末端。此外，几丁质也存在于一些绿藻和硅藻及甲虫类动物中。分析土壤几丁质的方法有多种，大部分方法都要求将几丁质与其他氨基糖分离，分析过程涉及多步纯化及衍生化等步骤，比较费时、费力，操作困难，相对而言纸层析方法简单易行，尽管敏感度较低，但完全可以用于土壤几丁质分析。

1. 基本原理 新鲜土壤经盐酸浸提，调节浸提液酸度并干燥后，采用丁醇＋嘧啶＋冰乙酸＋水混合液纸上层析，得到的葡萄糖胺与茚三酮呈显色反应，比色测定葡萄糖胺含量。同时用外加葡萄糖胺的回收率进行校正，根据葡萄糖胺含量估算土壤真菌生物量。

2. 试剂配制

（1）6 mol/L HCl。将 498 mL 浓 HCl 用去离子水稀释至 1 L。

（2）0.4 mol/L NaOH。称取 16.0 g NaOH 溶于 1 L 去离子水。

（3）茚三酮溶液。1 g 茚三酮（$C_9H_6O_4$）溶于少量去离子水，100 mg 乙酸镉［$(C_2H_3O_2)_2Cd$］溶于少量去离子水，二者混合后，加入 5 mL 冰乙酸和 100 mL 丙酮，去离子水总用量为 10 mL。

（4）葡萄糖胺标准溶液。1 g D-（＋）葡萄糖胺（$C_6H_{13}NO_5$），溶于去离子水并定容至 1 L，再稀释为 0 mg/L、20 mg/L、40 mg/L、80 mg/L、160 mg/L、320 mg/L 和 640 mg/L 葡萄糖胺标准溶液。

3. 操作步骤

（1）浸提。称取 2 mm 新鲜土壤 2.50 g 于 50 mL 三角瓶中，加入 10 mL 6 mol/L HCl 溶液，通入氨气后，105 ℃水解 8 h，冷却后用玻璃纤维过滤器过滤。

（2）浓缩。将滤液全部转移到圆底烧瓶中，40 ℃下用旋转蒸发器彻底干燥后，溶于 20 mL 去离子水中。用 0.4 mol/L 氢氧化钠溶液调节 pH 至 6.6～6.8，2 000 r/min 离心 10 min。上清液干燥后，再溶于 3 mL 甲醇，离心。上清液先经空气干燥，再用旋转蒸发器彻底干燥。干燥物溶于水，转移定容至 100 mL。

（3）层析。吸取一定量的上述溶液两份，分别加到 2 cm 的沃特曼 1 号滤纸上，用丁醇＋嘧啶＋冰乙酸＋水（体积比为 60∶40∶3∶30）混合液作为溶剂进行纸上层析，48 h 后将滤纸进行干燥，再浸入茚三酮溶液里，一起置于盛有浓 H_2SO_4 的干燥器里，黑暗条件下 4～5 d 后切下葡萄糖胺斑块，用 4 mL 甲醇洗涤，于 500 nm 处比色测定。同时，在对应的位置切下同样面积的滤纸，同上进行洗涤，作为空白对照。为检查葡萄糖胺斑块的均一性，在滤纸的第二个方向用嘧啶＋水（体积比为 4∶1）作为溶液进行层析。

（4）为校正浸提过程中葡萄糖胺的损失，可在土壤中加入葡萄糖胺 50 μg/g，浸提和层析同上。同时绘制葡萄糖胺标准溶液工作曲线。

4. 结果计算（mg/kg）

$$\text{土壤葡萄糖胺（几丁质）含量}=\frac{D\times G\times V\times f}{m}$$

式中　D——光密度；

G——单位光密度葡萄糖胺质量浓度，mmol/L；

V——比色体积，mL；

f——稀释倍数；

m——干土重，g。

第三节　土壤呼吸强度测定

一、意义、范围与质控

测定添加以葡萄糖为底物的土壤呼吸强度可以用于确定土壤微生物活性潜力。本方法基于单位时间内，底物添加条件下二氧化碳释放量，适用于好氧、不饱和土壤中土壤微生物呼吸强度。土壤微生物呼吸需按照技术规程规定的方法进行测定，根据土壤呼吸强度的变异系数适当增加重复。调用土壤普查管理平台系统，对数据进行审查备案。随机抽取同一批样品的 1%～5%进行检查。采用技术规程规定的方法，对指标进行复核。

二、原理

新鲜土壤样品混合葡萄糖置于恒温（如 22 ℃±1 ℃）培养箱或培养室黑暗培养。样品要置于空气或去除 CO_2 的合成空气中。培养阶段土壤样品释放的 CO_2 通过配备流量计的气相色谱仪（火焰离子化检测器或热导检测器）测定（GB/T 32720—2016）。

三、试剂

（1）如果是环境气体，CO_2 校准气体浓度为 300～500 μL/L。

（2）如果是合成气体，CO_2 校准气体浓度为 20～200 μL/L。

（3）葡萄糖试剂。葡萄糖与滑石粉按 1∶4 比例（质量比）混合，研磨，保存于广口瓶中备用。

四、仪器及实验耗材

（1）恒温培养箱或培养室。

（2）三角瓶/血清瓶。

（3）橡胶塞或硅胶塞。

（4）注射器。

（5）检测器为火焰离子化检测器或热导检测器的气相色谱仪。注意：热导检测器经常用于检测除 CO_2 外的其他气体，火焰离子化检测器不能做到这一点。如果没有热导检测器，旧的气相色谱仪也可以升级。就检测 CO_2 而言，火焰离子化检测器与热导检测器功效完全一样。

（6）用于数据计算和系统控制的计算机。

五、步骤

（1）称取 2 mm 的新鲜土壤样品（相当于干土 20.0 g）3 份分别放入 3 个 250 mL 三角瓶或血清瓶中，加入葡萄糖粉剂（葡萄糖添加量见表 3-2）充分混匀，于通风处放置 30 min 后，用胶塞和密封胶密封三角瓶，置于25 ℃下培养2 h。

表3-2　不同土壤有机质含量的葡萄糖添加量

有机质含量（%）	推荐葡萄糖添加量（mg/g）
<2	0.5～2
2～4	3～4
>4	6

（2）在培养开始时和2 h后，用注射器从三角瓶中抽取5 mL气体样品，采用气相色谱仪测定样品 CO_2 量。

六、检测

（1）采用火焰离子化检测器的气相色谱仪。检测 CO_2，当加入 H_2 和 CO_2 反应后，将 CO_2 转化为 CH_4，火焰离子化检测器可以检测到 CH_4，检测温度至少为350 ℃。同时 H_2 也是火焰离子化检测器的燃气。毛细管柱或填充柱可以用于分离。直径小于0.53 mm的毛细管柱由于流量有限，不适用该系统。测定温度为恒温80 ℃。若手动测样，可用密闭注射器直接注射气体样品。如在线检测，则可以用自动进样仪。

（2）采用热导检测器的气相色谱仪。需要配备热导检测器的气相色谱仪，检测温度为150 ℃。用填充柱进行分离。40 ℃恒温进行测定。在线监测或单样品监测都可以。

七、结果计算

底物诱导呼吸量 SIR [mL/(kg·h)]的计算：

$$SIR=C\times V/M/2$$

式中　C——三角瓶中 CO_2 的浓度，mL/mL；

V——三角瓶中空气的体积，mL；

M——土壤烘干质量，kg。

第四节　土壤微生物多样性分析

土壤生态系统中所有的微生物种类、它们拥有的基因以及这些微生物与环境之间相互作用的多样化程度被称为土壤微生物多样性，包括物种多样性、功能多样性、结构多样性及遗传多样性等不同层面，这些研究对于缓解人类在粮食、能源、资源和环境等方面的危机均有着全球性的重大意义。当前，土壤微生物多样性领域的传统分析方法已经很难满足人类对微生物资源研究和开发的需要，而以 BIOLOG、PLFA 和 PCR 等技术为代表的生理学、生物化学和分子生物学方法被广泛应用于土壤微生物的群落结构和功能活性研究。为了获取更为全面的微生物多样性信息，建议在条件许可的情况下，尽可能将多种方法结合起来使用。

一、微生物的物种多样性分析

土壤微生物的物种多样性是指土壤生态系统中微生物的物种丰富度和均一度，这是微生物物种多样性的直接表现形式。长期以来，有关微生物的物种多样性研究是通过分离培养来实现的，着重研究的是一些与人类关系最为密切的微生物种类，通过培养基最大限度地培养各种菌落，由此了解土壤中可培养的微生物种群。然而，绝大多数微生物种群尚不能实现纯培养，有时需要直接通过碱基测序方法获取微生物的系统发育信息，由于该方法不受培养限制，越来越受到研究人员的重视。

（一）传统鉴定方法

基于培养的传统研究方法，由于培养基质和培养条件等原因而存在一定的局限性。在进行常规培养时，有些微生物由于不能适应被改变的生存条件而死亡，另一些则通过产生孢子进入休眠状态或改变细胞形态，进入维持一定代谢活性但不生长繁殖的“活的非可培养状态”，这是由于人们对微生物生存条件及其规律的认识严重不足而采取了偏离微生物实际生长情况的培养条件所造成的，有些是目前技术手段的限制，有些是人类认识水平的不足。举个简单的例子，琼脂对某些微生物具有毒性作用，如果采用无害且凝结作用较好的替代物质（例如古兰糖胶）作为培养基固化剂，就可以增强这些微生物的可培养性（Jansen et al.，2002）。所以，人们应在实验实践的基础上，不断地对现有培养基质或培养条件进行改进。以下分别从改变营养基质、添加信号分子以及突破限制因子 3 个方面予以介绍。

1. 改变营养基质 常规培养方法往往使用高浓度营养基质，但有时反而不利于微生物的生长，适当降低浓度则可以减弱这种不利影响。因为土壤中本来可被利用的营养物质极度匮乏，多数处于“贫营养”状态，使用高浓度营养基质就是将寡营养微生物迅速置于富营养状态，微生物初期的快速生长会产生大量的过氧化物、超氧化物和羟基自由基等“毒性氧物质”。该类物质的快速、过量积累会破坏细胞内膜结构，导致细胞死亡，从而表现出微生物的难培养性。有研究发现，低浓度营养基质培养出的细菌在数量和种类上均高于高浓度营养基质，但浓度过低时也会使培养出的微生物数量下降。事实上，营养基质浓度最好与微生物自然生长环境相近，例如，辅以少量生长因子的土壤浸提液作为培养基可以很好地培养土壤微生物。

如上所述，毒性氧对微生物的生长具有很大不利影响，减少微生物代谢过程或生命活动以外过程产生的毒性氧，可以避免微生物在短时间内受到高强度的毒性作用。例如，由于多聚物只有被水解为小分子物质时才能被微生物利用，所以以多聚物为碳源能有效减缓毒性氧释放的速度。同时，为了减少来自微生物生命活动以外各种过程（如高压灭菌）产生的毒性氧，可在培养过程中加入具有毒性氧降解能力的物质，如过氧化氢酶、丙酮酸钠和 α-酮戊二酸等过氧化氢降解物和抗氧化剂二硫代二丙酸等，其中丙酮酸钠对微生物可培养性恢复的效果最好，且具有稳定、低廉等优点。另外，充足的氧气有时也是产生毒性氧的原因之一，减少培养环境中的氧分压也可以减弱毒性氧的影响。

2. 添加信号分子 由于实验室无法模拟自然界的真实环境条件，土壤微生物之间的相互关系在被简化的培养条件下被忽略，包括种间的偏利共生关系、互惠共生关系以及群体感应等，微生物因为缺乏必需的生长因子和信号分子而死亡，也表现出“难培养性”。如果在培养基中加入微生物相互作用的信号分子就可以简单模拟微生物间的相互作用，满足一些微生物的生长繁殖要求。例如，加入酰基碳链长度各异的氮酰高丝氨酸内酯均能有效提高细菌的可培养性，而另一种与革兰氏阴性细菌多种基因调控有关的信号分子 cAMP 能够促使更多的细菌得到培养。例如，藤黄微球菌能分泌一种复苏促进因子（resuscitation promoting factor，RPF），可有效促进多种处于休眠期的革兰氏阳性细菌复苏。据同源性分析结果表明，RPF 存在于多种革兰氏阳性细菌中，因而推测原核生物中可能广泛存在该类物质，可以考虑在培养基中加入不同类型的 RPF 来提高土壤微生物的可培养性。

3. 突破限制因子

（1）延长培养时间。在常规培养条件下，一些生长缓慢的微生物容易被忽视。例如，生存于贫营养环境中的微生物尽管能够在低浓度营养条件下生长，但有些微生物生长速度极为缓慢，在常规设定的培养周期内（如 1 周）没有长成肉眼可见的菌落就被遗弃。因此，对“寡营养菌”的培养，可适当延长培养时间，使其能长至肉眼可见的尺度。当然，培养时间不能无限增长，因为培养时间越长，对培养环境的无菌要求就越高。

（2）分散微生物细胞。自然界中很多微生物聚集生长，形成“絮体”或“颗粒”等，致使其内部的微生物不易被培养。如果对“絮体”和“颗粒”进行适度的超声处理，即将细胞分散再进行培养，则可以使更多的微生物接触培养基而得到培养（Janssen et al.，2002）。

（3）供应新型电子供体和受体。不同微生物的代谢过程不同，对反应底物的要求也不尽相同，供应微生物需要的特有底物则有助于新陈代谢的进行及微生物的正常生长。大量研究表明，将新型的电子供体和受体应用到微生物培养中，能够发现生理型未知的微生物。

（二）自动化鉴定系统分析法

1. 微生物数码鉴定系统的工作原理　微生物鉴定的自动化技术近十几年得到了快速发展。数码分类技术集数学、计算机、信息及自动化分析于一体，采用商品化和标准化的配套鉴定、抗菌药物敏感试验卡或条板，可快速准确地对临床数百种常见分离菌进行自动分析鉴定和药敏试验。目前自动化微生物鉴定和药敏分析系统已在世界范围内临床实验室中广泛应用。

早在 20 世纪 70 年代中期，一些国外公司就研究出借助生物信息编码鉴定细菌的新方法。这些技术的应用，为医学微生物检验工作提供了一个简便、科学的细菌鉴定程序，大大提高了细菌鉴定的准确性。目前，微生物编码鉴定技术已经得到普遍应用，并早已商品化和形成不同独特的细菌鉴定系统，如 API、Micro-ID、Rap-ID、Enterotube 和 Minitek 等系统。这种鉴定系统是自动化鉴定系统的基础。

数码鉴定是指通过编码技术将细菌的生化反应模式转换成数学模式，给每种细菌的生化反应模式赋予一组数码，建立数据库或编成检索本。通过对未知菌进行有关生化试验并将生化反应结果转换成数字（编码），查阅检索本或数据库，然后得到细菌名称。其基本原理是计算并比较数据库内每个细菌条目对应系统中每个生化反应出现的频率总和。随着计算机技术的进步，这一过程已变得非常容易。

2. 计算步骤　出现频率（概率）的计算，将记录为阳性或阴性的结果转换成出现频率。①对阳性特征，除以 100 即得。②对阴性特征，除以 100 的商被 1 减去即可。③说明：对于“0”和“100”，因这 2 个数较超量，为了使结果不过小或过大，而用相似值 0.01 或 0.99 代替。

在每个分类单位中，将所有测定项目的出现频率相乘，得出总出现频率。在每个分类菌群中，将所有菌的总出现频率相加，除以一个分类单位的总出现频率，然后乘 100，即得鉴定百分率（id，%）。

在每个菌群中，再按鉴定百分率大小顺序重新排列。将未知菌单次总发生频率除以最典型反应模式单次总发生频率，得到模式频率 T 值，代表个体与总体的近似值。T 值越接近 1，个体与总体越接近，鉴定价值越大。按 id 大小排序，将相邻两项的 id 之比记为 R，代表着首选条目与次选条目的差距，差距越大，价值越大。如果id≥80.0%，参考 T 及 R 值可做出鉴定。

3. 在编码检索本中检索数据谱得出的结果形式（以 API 鉴定系统为例）

（1）有此数码谱。有一个或几个菌名条目及相应的鉴定值（id 和 T 值）；对鉴定结果好坏的评价，如最佳等；用小括号列出关键的生化结果及 id；有时，鉴定结果不佳或有多条菌名条目，需进一步补充试验项目才能得出好的鉴定结果。指出某些注意要点，需用“推测性鉴定”，并将此菌送至参考实验室；需用“血清学鉴定”，做进一步证实等。

（2）无此数码谱。可能有以下原因：此生化谱不太典型；不能接受，鉴定值低（id<80.0%）；可疑，需进一步确认是否纯培养，重新鉴定，可与供应商技术服务部联系。

4. 结果解释

（1）如果排序第一的细菌 id≥80.0%，则可将未知菌鉴定在此条目中，并按 id 值的大小对鉴定的可信度做出评价。id≥99.9%和 T≥0.75 为最佳的鉴定；id 在 98.0%～99.0%之间，T≥0.5 为很好的鉴定；id 在 90.0%～98.9%之间，T≥0.25 为好的鉴定；id 在 80.0%～89.9%之间为可接受的鉴定。

（2）如果第一条目的 id<80.0%，则将前 2 个条目的 id 加在一起，若仍不足 80.0%，则将前 3 个 id 相加。若前 3 个条目的和≥80.0%，则有 2 种可能：一是同种细菌，可能是不同生物型；二是同一菌属的不同种。如果相加的几个条目既不属于同一细菌种，又不属于同一细菌属，在评价中会指出“补充生化反应”的项

目及 id，可通过生化反应将几种菌区分开来。若前 3 个条目的和<80.0%，则为不可接受的结果。

5. 自动化微生物鉴定和药敏试验分析系统 自动化微生物鉴定和药敏试验分析系统在临床微生物实验室的应用，为微生物检验工作者对病原菌的快速诊断和药敏试验提供了有力工具。

鉴定系统的工作原理因不同的仪器和系统而异。不同的细菌对底物的反应不同是生化反应鉴定细菌的基础，而试验结果的准确度取决于鉴定系统配套培养基的制备方法、培养物浓度、孵育条件和结果判定等。大多数鉴定系统采用细菌分解底物后反应液中的变化，色原性或荧光原性底物的酶解，测定挥发或不挥发酸，或识别是否生长等来分析鉴定细菌。

药敏试验分析系统的基本原理是将抗生素微量稀释在条孔或条板中，加入菌悬液孵育后放入仪器或在仪器中直接孵育，通过测定细菌生长的浊度，或测定培养基中荧光指示剂的强度或荧光原性底物的水解，观察细菌的生长情况。在含有抗生素的培养基中，浊度的增加提示细菌生长，根据判断标准解释敏感或耐药。

6. 半自动化细菌鉴定和/或药敏分析系统

（1）VITEK-ATB 半自动化细菌鉴定和药敏分析系统。VITEK-ATB 是生物梅里埃公司产品，由计算机和读数器两部分组成，计算机程序包括 ATB 和 API 的鉴定数据库、ATB 的药敏数据库、数据储存和分析系统及药敏专家系统。鉴定和药敏反应板在机外孵育后，一次性上机读取结果，由计算机进行分析和处理，并报告细菌鉴定和药敏结果。

（2）Auto Scan-4 半自动细菌鉴定和药敏分析系统。Auto Scan-4 是 Dade MicroScan 公司产品，由计算机和读数器两部分组成。鉴定和药敏反应板在机外孵育后，一次性上机，自动判读鉴定和药敏试验结果；亦可人工进行判读，将编码输入计算机，由计算机软件评定结果，有鉴定及鉴定药敏复合板两种测试卡。

（3）BBLTM CrystalTM 半自动细菌鉴定系统。BBLTM CrystalTM 半自动细菌鉴定系统是 BD 公司产品，将传统的酶、底物生化呈色反应与先进的荧光增强显色技术结合以设计鉴定反应最佳组合。反应板在机外孵育后，上机自动判读鉴定结果。配套提供独立分装的试管，确保无菌状态，使用方便。配套比浊仪可快速调配所需浊度的菌液。

（4）AutoReader 半自动细菌鉴定和药敏分析系统。AutoReader 半自动细菌鉴定和药敏分析系统由计算机和读数仪等组成。采用荧光测定法，反应板在机外，定时孵育后，上机读数，由 SAMS 软件评定测定结果，也可通过 SAMS 系统人工确认法输入计算，或完全由人工输入作评定。所用鉴定板和药敏板与全自动机型中的反应板是一样的。

（5）抑菌圈直径测量仪。抑菌圈直径测量仪有 BIOMIC（Giles Scientific Inc）、AccuZone 、System（AccuMed International Inc）、SIRSCAN（SIRSCAN）等 3 种单板读取机，已在临床应用。经孵育后的药敏平板，被仪器的图像分析系统识别并计算抑菌圈直径。根据判断标准，报告药敏试验结果。这些仪器可减少人工测量抑菌圈直径大小差异及主观判断错误。BIOMIC 系统宣称能根据抑菌圈大小来计算 MIC，值得注意的是该类仪器对抑菌圈内模糊生长或微小的菌落不能正确识别，而这些菌落对细菌耐药性的判定至关重要，读取每个平板时必须借助人工观察。

二、微生物的功能多样性分析

土壤微生物的功能多样性主要是指土壤微生物群落所能执行的功能范围以及这些功能的执行过程，如分解功能、营养传递功能以及促进或抑制植物生长的功能等。微生物在生态系统中的最大作用在于其分解功能，它们分解着动物、植物和微生物的残体以及各种复杂有机物质，吸收某些分解产物，最终将有机物分解成简单的无机物，这些无机物又可以被初级生产者利用，再次参与物质循环。目前，土壤微生物的功能多样性研究主要基于群落生理学水平，其中又以 BIOLOG 碳素利用法使用最为普遍，而基于功能基因组学的研究也已发展成为一种新的趋势。

（一）BIOLOG碳素利用法

BIOLOG碳素利用法采用底物诱导下的代谢响应模式测算土壤微生物群落的代谢功能多样性，由美国BIOLOG公司于1989年开发成功，最初应用于纯种微生物的鉴定，1991年开始应用于土壤微生物群落功能多样性研究，目前以BIOLOG ECO板最为实惠而受欢迎。该方法中土壤微生物细胞利用31种碳源进行代谢，以代谢过程中产生的酶与四唑类显色物质（如TTC、TV）发生颜色反应的浊度差异为基础，运用独有的显性排列技术分析土壤微生物的代谢特征指纹图谱，反映不同环境条件引起的土壤微生物群落变化，因而也可用于土壤微生物群落结构变化指示。

1. BIOLOG碳素利用法的优缺点

（1）优点。①灵敏度高，分辨力强；②无须分离培养纯种微生物，可最大限度地保留微生物群落原有的代谢特征；③测定简便，数据的读取与记录可以由计算机辅助完成；④可以连续监测微生物的变化，并可大批量分析。

（2）缺点。①主要依赖于群体生理活性，特别是脱氢酶活性，既不能检测到休眠群体，也不能检测到那些不能利用BIOLOG碳源底物的群体；②如果不能很好地解释一个区系中微生物种类的相互作用如何影响底物的利用情况，很难把这些变化同种类变化联系起来；③测定的是微生物在与野外环境完全不同的溶液中的代谢活性，因此也不能确定该结果能否反映土壤区系的实际代谢情况（郑华等，2004）。

2. 操作步骤　称取KH_2PO_4 2.654 g、K_2HPO_4 6.962 g，加蒸馏水至1 L，pH调至7.0，得到0.05 mol/L磷酸缓冲液，灭菌。称取10 g新鲜土样于90 mL磷酸缓冲液中，70 r/min左右振荡30 min，按10倍稀释法制成10^3土壤稀释液，倒入已灭菌的V形槽中；使用8通道移液器从V形槽移取接种液，向BIOLOG微孔板的每个微孔注入150 μL稀释液，25 ℃条件下培养7 d，每隔12 h用BIOLOG读板仪测定吸光值（590 nm）。土壤稀释倍数应根据土壤微生物数量调整。

3. 结果分析 BIOLOG 系统读数后自动生成的文件为 ∗.DOC 格式，应转成 ∗.TXT 格式后再导入 Excel 软件中进行数据处理。微生物整体活性指标采用微平板每孔颜色平均变化率（average well color development，AWCD）来描述，可以评判微生物群落对碳源利用的总能力；Shannon、Simpson 和 McIntosh 等 3 种多样性指数被用于计算土壤微生物碳源利用多样性，分别评估群落中物种的丰富度、最常见物种的优势度以及物种的均一性。另外，还可以通过主成分分析（principle component analysis，PCA）将不同样品的多元向量变换为互不相关的主成分向量（PC1、PC2 和 PC3 等），在平板中可用点的位置直观地反映出不同微生物群落的代谢特征。

平均吸光度 $AWCD$

$$AWCD=\frac{\sum(A_i-A_{\mathrm{A1}})}{31}$$

式中 A_i——第 i 孔的吸光值；

A_{A1}——A 孔的吸光值；

A_i-A_{A1}——负值时则归 0。

Shannon 指数 H'

$$H'=-\sum P_i\times\ln(P_i)$$

式中 P_i——第 i 孔的相对吸光值与整个平板相对吸光值总和的比率。

Simpson 指数 D

$$D=1-\sum(P_i)^2$$

McIntosh 指数 U

$$U=\sqrt{(\sum n_i^2)}$$

式中 n_i——第 i 孔的相对吸光值。

McIntosh 均匀度 E

$$E=\frac{N-U}{N-N/\sqrt{S}}$$

式中 N——相对吸光值总和；

S——发生颜色变化的孔的数目。

（二）功能基因组学方法

土壤微生物功能与土壤生态功能之间存在着密切的联系，微生物功能多样性变化能直接反映土壤生态系统受到各种环境因子影响的状况。作为土壤微生物功能标记物，编码相关酶的功能基因成为了解微生物功能多样性信息与土壤功能之间关系的纽带，并成为微生物多样性研究的又一新领域。尽管功能基因组学通过基因序列及其特征表达提供了一些功能信息，但仍需要联合其他方法来发现和判定土壤中的功能菌群，诸如现在已经比较熟悉的产甲烷古菌和氨氧化细菌等。

随着分子生物学技术的发展，应用先进的分子系统学、cDNA微阵列（mi. croarray）、功能基因组学（functional genomics）和原位活性检测技术等从宏基因组文库中发掘基因组进化的功能信息，进而探索微生物与土壤功能之间的关系，成为评价土壤质量与功能的新切入点。目前研究较多的是与土壤地球化学物质循环、污染物降解等密切相关的功能基因，如土壤中与氮循环密切相关的功能基因主要有以下几种（表 3-3）。

表 3-3 土壤氮循环中主要的功能基因列表

基因名称	编码蛋白质	催化途径	在氮循环中作用
nifH	固氮酶铁蛋白	$N_2 \to NH_4^+$	固氮作用
amoA	氨单加氧酶	$NH_4^+ \to NO_2^-$	硝化作用
nxrA	亚硝酸盐氧化酶	$NO_2^- \to NO_3^-$	硝化作用
narG	膜靠硝酸还原酶	$NO_3^- \to NO_2^-$	反硝化作用
napA	可溶性细胞质硝酸盐还原酶	$NO_3^- \to NO_2^-$	反硝化作用
nirK	含铜离子的亚硝酸盐还原酶	$NO_2^- \to NO$	反硝化作用
nirS	含细胞色素 cd1 的亚硝酸盐还原酶	$NO_2^- \to NO$	反硝化作用
norB	一氧化氮还原酶	$NO \to N_2O$	反硝化作用
nosZ	氧化亚氮还原酶	$N_2O \to N_2$	反硝化作用

功能基因组学也称后基因组学（postgenomics），它利用结构基因组所提供的信息和产物，发展和应用新的实验手段，通过在基因组或系统水平上全面分析基因的功能，使得生物学研究从对单一基因或蛋白质的研究转向对多个基因或蛋白质同时进行系统研究。显然，这是在基因组静态的碱基序列弄清楚之后转为对基因组动态的生物功能学研究，包括基因功能发现、基因表达分析及突变检测等。功能基因组学采用的经典手段包括减法杂交、差示筛选、cDNA 代表差异分析以及 mRNA 差异显示等，但这些技术不能对基因进行全面系统的分析，因而迫切需要发展新技术，包括基因表达的系统分析（serial analysis of gene expression，SAGE）、基因芯片（gene chip）等（Gentry et al.，2006）。目前，土壤微生物功能基因组学研究尚处于起步阶段，而且又与土壤微生物遗传多样性和原位研究等内容紧密联系在一起，这里不予展开介绍。

三、微生物的结构多样性分析

土壤微生物结构多样性是指土壤微生物群落在细胞结构组分上的多样化程度，这是导致微生物代谢方式和生理功能多样化的直接原因。目前一般使用生物标记物（biomarker）来定量描述土壤微生物的群落结构组成。生物标记物通常是指微生物细胞的生化组分，特定结构的标记物可以标记特定类型的微生物，其总量通常又与相应生物量呈正相关，生物标记物的组成模式（种类、数量和相对比例）因而可以用于估测微生物的群落结构。生物标记物法通过提取和分析用作不同类群标记物的生化组分或胞外产物来获取微生物群落组成和结构多样性信息，目前应用较多的有醌指纹（quinones profiling）法和脂肪酸（fattytacid）谱图法等。

（一）醌指纹法

呼吸醌广泛存在于微生物的细胞膜中，是细胞膜的组成成分，在电子传递链中起重要作用。醌含量与土壤微生物生物量呈良好的线性关系，因而可用于标记微生物生物量。呼吸醌主要有两类：泛醌（ubiquinone，UQ）即辅酶 Q 和甲基萘醌（menaquinone，

MK）即维生素 K。在类（UQ、MK）的基础上，醌还可以进一步依据侧链含异戊二烯单元的数目和使双键饱和的氢原子数进行区分。每种微生物都含有一种优势醌，不同微生物含有不同种类和分子结构的醌，醌的多样性可定量表征微生物多样性，醌谱图可表征群落结构的变化。醌指纹法具有简单快速的特点，近几年来广泛用于各种环境微生物样品的分析，是一种可靠的分析方法。然而，醌指纹法也存在一定的局限性，它不能反映具体哪个属或哪个种的变化（Hu et al.，2001；胡洪营等，2002）。

1. 材料准备

（1）氯仿-甲醇混合液（2∶1），20 g/L、100 g/L 的乙醚溶液（溶剂为正己烷），正己烷、丙酮。

（2）硅胶（颗粒大小 55～105 μm）、沃特曼 2 号滤纸、Sep-Pak 柱（10 mm×20 mm）。

（3）50 mL 离心管、100 mL 锥形瓶、细颈瓶和旋转蒸发仪。

2. 操作步骤

（1）取 5 g 土样于 50 mL 离心管中，加入 10 mL 纯水和 20 mL 氯仿-甲醇混合液。振荡 10 min，7 000 r/min 离心 10 min，去掉上层水相，中层和下层（包括土样和氯仿-甲醇混合液）用沃特曼 2 号滤纸过滤，滤液收集到细颈瓶中；过滤剩余物和滤纸放在100 mL锥形瓶中，经脱水处理后用氯仿-甲醇混合液提取 3 次（每次 30 mL，振荡 15 min），每次的提取液均收集在细颈瓶中。粗提液中包括脂类混合物和非脂类物质。

（2）粗提液再次用正己烷提取，旋转蒸发至近干（<40 ℃），转移到 50 mL 离心管中，加入 10 mL 水溶解，用 20 mL 正己烷提取两次（每次振荡 5 min），提取液通过 Sep-Pak 硅胶柱（填充量为 600 mg）分离，5 mL 滤液通过滤柱，流速 24 mL/min，甲基萘醌用 20 mL 20 g/L 的乙醚溶液洗脱，泛醌用 20 mL 100 g/L 的乙醚溶液洗脱。甲基萘醌和泛醌洗脱液分别蒸发至干，用丙酮溶解，使用 HPLC 测定醌的类型和含量。

用醌指纹法描述微生物群落的参数有：醌的类型和不同类型的

数目、优势醌及其摩尔分数、总的泛醌和总的甲基萘醌的摩尔分数之比、醌的多样性和均一性、醌的总量等。对于两个不同的群落，由上述分析所得数据可以计算出另一个参数——非相似性指数（D），用于定量比较两个群落结构的差异。

3. 结果计算

$$D=(\sum |f_{ki}-f_{kj}|)/2$$

式中　f_{ki} 和 f_{kj}——某一种醌（k）在群落 i 和 j 中的摩尔分数。

（二）脂肪酸谱图法

磷脂类化合物存在于生物的细胞膜中，不同微生物体往往具有不同的磷脂脂肪酸组成和含量水平，生物细胞一旦死亡，其中的磷脂类化合物就会马上消失，极性脂类（磷脂）和中性脂类（甘油二酯）可分别作为活性和非活性生物量的标记物，所以从微生物细胞中提取的脂类生化组分是重要的生物量标记物。更重要的是，脂类的分解产物具有不同分子结构的混合长链脂肪酸，携带了微生物的类型信息，其组成模式因而可作为种群组成的标记。由于脂肪酸谱图法对微生物的分类水平不能到种，而且土壤中不同微生物属种之间脂肪酸组成的重叠以及外来生物污染也会影响脂肪酸谱图法对种群结构解析的可靠性。目前最常用的脂肪酸谱图法是磷脂脂肪酸（phospholipid fatty acid，PLFA）分析法（表 3-4），在具体分析过程中还存在不少差异，以下介绍最为常见的脂肪酸甲酯（fatty acid methyl ester，FAME）谱图法。

表 3-4　表征微生物的 PLFA

微生物类型	磷脂脂肪酸标记
细菌	含有以酯链与甘油相连的饱和或单不饱和脂肪酸（如 15：0、i15：0、a15：0、16：0、i16：0、16：1ω5、16：1ω9、16：1ω7 t、17：0、i17：0、a17：0、cy17：0、18：1ω5、18：1ω7、18：1ω7t、i19：0、a19：0 和 cy19：0）

（续）

微生物类型	磷脂脂肪酸标记
革兰氏阳性菌	含有多种分支脂肪酸
革兰氏阴性菌	含有多种羟基脂肪酸
厌氧细菌	cy17：0、cy19：0
好氧细菌	16：1ω7、16：1ω7 t、18：1ω7 t
硫酸盐还原细菌	10Me16：0、i17：1ω7、17：1ω6
甲烷氧化菌	16：1ω8c、16：1ω8 t、16：1ω5c、18：1ω8c、18：18 t、18：1ω6c
嗜压/嗜冷细菌	20：5、20：6
黄杆菌	i17：1ω7
芽孢杆菌	各种支链脂肪酸
放线菌	10Me16：0、10Me17：0、10Me18：0 等
真菌	含有特有的磷脂脂肪酸（18：1ω9、18：2ω6、18：3ω6、18：3ω3）
蓝细菌	含有多不饱和脂肪酸（如 18：2ω6）
微藻类	16：3ω3
原生动物	20：3ω6、20：4ω6
脱硫细菌	cy18：0（ω7，8）
硫细菌	i17：1ω5、10Me18：1ω6、11Me18：1ω6
脱硫弧菌	i17：1ω7c、i15：1ω7c、i19：1ω7c
脱硫叶菌	17：1ω6、15：1

注：i、a、cy 和 Me 分别表示异、反异、环丙基和甲基分支脂肪酸；ω、c 和 t 分别表示脂肪端、顺式空间构造和反式空间构造。

PLFA 是构成活体细胞膜的重要组分，含量能达到细胞干重的5%，周转速率快且随细胞死亡而迅速降解。不同类群的微生物能通过不同生化途径合成不同的 PLFA，部分 PLFA 总是固定出现在同一类群的微生物中，而在其他类群的微生物中很少出现，所以这些相对稳定的 PLFA 就可以作为相应类群微生物的标记物来指示其变化，从而可以对土壤微生物群落结构进行识别和定量描述。脂肪酸经甲酯化后形成脂肪酸甲酯（FAME），它们又可分为羟基取代的 FAME、酯连接羟基取代的 FAME、非酯连接羟基取代的 FAME、饱和 FAME、单不饱和 FAME、酯连接多聚不饱和 FAME 及非酯连接不饱和 FAME。脂肪酸甲酯（FAME）谱图法首先利用有机溶剂将土壤微生物中的磷脂脂肪酸浸提出来，然后进行分离纯化，最后利用标记脂肪酸，通过气相色谱（GC）或 GC-MS 等仪器分析，与 MIDI 系统数据库比对，得到土壤微生物的磷脂脂肪酸组成图谱，进而得到一个群落中不同脂肪酸的含量和种类（Biobertson et al.，1995；Wilke et al.，2004；颜慧等，2006；王曙光等，2004）。

1. 材料准备

（1）固相萃取装置、通风橱、高纯氮气、氮吹仪、水浴锅、气相色谱和 MIDI 软件数据库。

（2）离心机、离心管（Teflon 盖子）、试管（Teflon 衬垫）、移液管、吸管和 SPE 硅胶柱（6 mL）。

（3）柠檬酸缓冲液。柠檬酸 3.75 g、柠檬酸钠 4.41 g，用蒸馏水定容至 100 mL。

（4）甲醇、氯仿、盐酸、丙酮、氢氧化钠、正己烷和甲基叔丁基醚（HPLC 级）。

（5）试剂。皂化试剂：NaOH 45 mg，HPLC 级甲醇 150 mL，蒸馏水 150 mL。甲基化作用试剂：6 mol/L HCl 溶液 325 mL，甲醇 275 mL。抽提溶剂：HPLC 级正己烷 200 mL，HPLC 级甲基叔丁基醚 200 mL。洗脱液：NaOH 10.8 mg，蒸馏水 900 mL。

2. 操作步骤

（1）称取 2 g 新鲜土壤于 50 mL 离心管中，加入 12 mL 提取液（甲醇∶氯仿∶柠檬酸缓冲液＝2∶1∶0.8，即 6.3 mL、3.2 mL、2.5 mL，在加入过程中有机无机试剂会发生分层，建议分别加入），涡旋振荡 1 min，室温下往复振荡 2 h，静置 10 min。室温下 5 000 r/min 离心 10 min，上清液转入分液漏斗。

（2）再加 10 mL 提取液（甲醇∶氯仿∶柠檬酸缓冲液＝2∶1∶0.8，即 5.3 mL、2.6 mL、2.1 mL）于离心管，涡旋振荡 1 min，室

温下往复振荡 30 min，静置 10 min。室温下 5 000 r/min 离心 10 min，上清液转入分液漏斗。两次上清液合并。

(3) 分液漏斗中加入氯仿和柠檬酸缓冲液各 5.8 mL，振荡 1 min，静置 1 h，将下层转入另一收集管，50 ℃水浴、氨气吹干。然后加入 2 mL 氯仿，50 ℃水浴、氮气吹干，−20 ℃保存。

(4) 把硅胶柱放置在固相萃取装置上，用 5 mL 氯仿预洗脱柱子后，分 3 次向收集管中加入 0.5 L 氯仿溶解样品，并转移到 SPE 硅胶柱中，分 3 次加入 20 mL 丙酮，弃掉洗脱液。再分 2 次加入甲醇 12 mL，收集含 PLFA 的洗脱液，50 ℃水浴、氮气吹干。

(5) 皂化。加入 1 mL 皂化试剂，涡旋振荡 5～10 s，盖紧盖，置沸水浴中 5 min，然后振荡 5～10 s，再置于沸水浴中 25 min，取出后用自来水冷却。

(6) 甲基化。加入 2 mL 甲基化试剂，涡旋振荡 5～10 s。盖紧盖于 (80±1)℃加热保温 (10±1) min，然后用自来水冷却。

(7) 萃取。分 3 次加入 9 mL 试剂 3，振荡以提取 FAME（振荡 10 min）。用滴管吸取上层正己烷相于另一干净试管，注意不要吸入杂质层和下层水相。

(8) 碱洗涤。加入 (3.0±0.21) mL 洗脱液（NaOH/水＝10.8 g/900 mL），盖紧盖子，温和地旋转振荡试管 5 min，2 000 r/min 离心 3 min。转移上层溶液，浓缩收集液至适当体积，将 FAME 转移到自动上样器小瓶中，分析测定。

FAME 操作流程图可见图 3 - 2。

3. 注意事项

(1) 整个提取过程应尽量在避光、低温（＜35 ℃）条件下完成。硅胶应绝对避免与水等强极性介质接触，使用前应在 120 ℃活化 2 h。盛放磷脂的玻璃器皿应用质量分数为 10%的 HCl 溶液浸泡后，于 450 ℃烘 4 h 或 400 ℃过夜去除磷脂污染。甲醇与土壤比例至关重要，会影响 FAME 提取效率。

(2) 缓冲液与相应 pH。如用酸性柠檬酸代替中性磷酸盐缓冲液提取酸性土壤，可提高磷脂回收率且避免无机磷污染。FAME

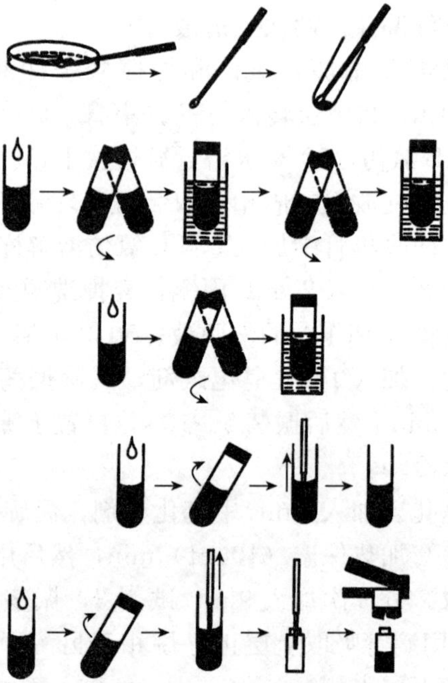

图 3-2　PLFA 主要操作步骤

在没有其他成分保护时会被氧化而迅速降解，提高酸度可延迟衰败。

4. PLFA 分析法的优缺点

(1) 优点。①可以直接提取原位土壤微生物群落的脂肪酸，可避免由培养和直接计数方法引起的问题。②与传统方法相比，能更精确地测定微生物生物量，测定相对容易且能快速处理大量样品。③PLFA 图谱包含了磷脂结构的详细信息，可利用这些信息研究微生物群落结构和微生物的代谢条件。

(2) 缺点。①尚未确立土样中所有生物的特征脂肪酸，并且在很多情况下，还无法完全确定土样中某些特定脂肪酸和特定微生物或微生物群落的对应关系。细菌和真菌产生完全不同量的 PLFA，脂肪酸的类型及含量可能随生长条件和环境污染情况而变化。

②PLFA分析法不能在菌种和菌株水平鉴别出微生物的种类，古菌不能用PLFA图谱进行分析，因为它的极性脂质是以醚键而不是以酯键的形式出现。在一些储存样品的研究中，发现平板计数结果稳定增加，而PLFA分析法测定的生物量却保持不变。这种现象目前还没有令人满意的解释，可能存在PLFA技术无法反映的群落变化或其他现象（如数量增加、生理变化等）。

PLFA分析的准确性高低与磷脂脂肪酸是否提取完全以及实验过程是否造成污染等有很大关系。在该方法中，细菌和真菌可根据其磷脂脂肪酸的组成来鉴别，但不同属甚至不同科的微生物FAME有可能重叠，一般只能鉴定到属，不能鉴定到种。同时，该方法强烈依赖于标记脂肪酸，标记脂肪酸变化可导致错误的群落变化估计。另外，该方法的一个明显缺陷是实验条件要求高，耗时长，成本高，因而在实际研究工作中常受到一定的限制。脂肪酸异丙酯（FAPE）谱图法是最近发展的一种脂肪酸谱图法，采用强度更低的试剂（酸性异丙醇）和更简便的处理方法，将提取脂肪酸异丙基化，分析的对象是脂肪酸异丙酯。该方法具有简便、灵敏、可重复的特点，被认为具有应用于分析微生物种群结构的潜在价值。

四、微生物的遗传多样性分析

土壤微生物的遗传多样性是指土壤微生物在基因水平上所携带的各类遗传物质和遗传信息的总和，这是微生物多样性的本质和最终反映。遗传标记是与目标性状紧连锁、共分离的可遗传标识，是目的基因的直接或间接标记形式，主要有形态标记、细胞标记、生化标记和分子标记等类型，其中DNA分子标记是指生物基因组DNA经限制性内切酶酶切、聚合酶链反应扩增或两者结合等措施处理后，电泳检测到的反映基因组某种变异特征的特异性DNA片段。

与高等生物相比，微生物在基因水平上的多样性更为突出，不同种群间的遗传物质和基因表达具有很大的差异。

分子标记具有许多优点：①直接反映DNA分子水平上的变

异，既不受环境的影响，也不受基因表达与否的限制，为研究工作提供了极大的便利；②分子标记的等位位点变异水平比表型标记丰富得多，即多态性很高，无须专门创造特殊的遗传材料；③数量极大，几乎是无限制的，遍及整个基因组；④对生物体通常没有不良影响，也不影响生物性状的表现，即表现为“中性”；⑤多数分子标记表现为共显性，能分辨所有的基因型。分子标记的所有这些特性，奠定了它具有广泛应用性的基础。1974 年，限制性片段长度多态性（restriction fragment length polymorphism，RFLP）标记作为第一代 DNA 分子生物标记问世并最早用于构建遗传图谱，它主要通过限制性内切酶酶切和杂交技术揭示 DNA 多态性。1985 年，KaryMulis 在 Cetus 公司发明了体外复制和扩增 DNA 的聚合酶链反应（polymer - ase chain reaction，PCR）技术，这是目前最为常用的分子生物学技术，受到许多学者的青睐与推崇。

依据研究手段不同，这里将土壤微生物的遗传多样性分析方法分为基于杂交的分析方法和基于 PCR 的分析方法两大类。

（一）杂交分析法

杂交是常用的土壤微生物遗传多样性分析检测手段。如发展快速的基因芯片技术，用于研究功能基因在土壤等环境中的表达，它在一微小支持物（硅片、玻片等）上集成大量已知的核苷酸序列作为特异性探针，与标记的样品进行杂交，通过随后的杂交信号检测对靶分子进行定性与定量分析。由于灵敏度所限，多数基因芯片分析需要对被检测的靶分子进行 PCR 扩增。靶分子标记主要有荧光或同位素标记。对于检测细胞内 RNA 表达水平的芯片，需要将提取的 RNA 进行反转录，并加入耦联有标记物的 dNTP 对靶基因标记。基因芯片技术需要的样品量少并具有定量的特性，不同种群同一功能组的所有多态性基因序列都可以作为探针构建在芯片上。然而在分析低丰度样品时，芯片杂交反应的灵敏度不够，虽然 PCR 技术的运用增强了基因芯片检测灵敏性，但要考虑到 PCR 本身存在的偏差。由于芯片杂交信号的信息庞大，监测速度仍有待提高

（钟文辉等，2009）。另外，如何从背景干扰中获取杂交信息并提高杂交特异性也是亟待解决的问题。

此外，荧光原位杂交（fluorescence in situ hybridization，FISH）技术通过荧光标记的特异寡聚核苷酸探针与土壤基因组中的 DNA 分子进行杂交来检测特异微生物种群的存在及丰度，肽核酸（peptide nucleic acids，PNA）探针杂交技术则是通过荧光标记的多肽探针与土壤中 DNA 的原位杂交来检测特异微生物，限制性片段长度多态性分析（restriction fragment length polymorphism，RFLP）技术利用放射性标记的探针杂交（Southern 杂交）显示特定的 DNA 片段。这些都是目前比较常见且应用较广的杂交分析手段，以下依次介绍 FISH、PNA 和 RFLP 三项技术。

1. 荧光原位杂交（FISH）技术

（1）基本原理。微生物细胞在脱水后，根据 DNA 碱基配对原则，在不改变其结构和分布格局的情况下与渗透到细胞结构内具有荧光标记的寡核苷酸探针在一定温度下进行定位杂交，只有与探针碱基对完全互补的 RNA 序列才能与探针发生杂交，经荧光素（FT℃）标记的特异性抗体在荧光显微镜下，可清晰地描述出与 DNA 靶的结合部位，从而使该菌体在荧光显微镜下发出荧光。

以下先介绍 FISH 技术的探针和靶序列（Zarda et al.，1997；邢德峰等，2003）。

① FISH 技术的探针。探针是方法成功的关键，必须具有较好的特异性、灵敏性和组织渗透性。最常用的寡核苷酸探针长度一般是 15～30bp，探针过长组织渗透性就差，探针过短易于渗透后结合到靶序列，但很难被标记。探针的荧光标记分为直接标记和间接标记。

间接标记：用标记物（地高辛、生物素）标记的 dUTP（biotin-dUTP）通过缺口平移法标记探针，杂交后再用耦联荧光素的抗生物素抗体检测，通过几轮抗生物素蛋白-荧光素、生物素化的抗生物素蛋白、抗生物素蛋白-荧光素的一系列处理，可放大信号，检测到小至 500bp 的靶序列。常用的荧光体有荧光素（fluorescein，

表 3 - 5)、四甲基罗丹明（tetramethylrhodamine）等，但使用更多的是羰花青（如 CY3 或 CY5），因为羰花青大大提高了 FISH 技术的灵敏度。

表 3 - 5 FISH 方法中常使用的荧光素

荧光素	激发光波长（nm）	发射光波长（nm）	颜色
AMCA	351	450	红色
FITC	492	528	绿色
FluoX	488	520	绿色
TRITC	557	576	红色
Texas	578	600	红色
CY3	550	570	橙色/红色
CY5	651	674	红外

直接标记：通过荧光素直接与核苷酸探针或磷酸戊糖架共价结合，或采用缺口平移法标记探针时掺入荧光素核苷三磷酸标记探针。探针杂交后经过简单冲洗就可镜检，省去了间接标记的探针杂交后繁琐的检测步骤，但不能像间接标记的探针那样进行多步骤信号放大，因而不如间接标记的探针灵敏，但靶序列较大时还是比较可靠，且探针标记种数不受高亲和力配体能力限制。

② FISH 技术的靶序列。FISH 技术常用的目标分子是 rRNA，通常将它作为 FISH 检测的靶序列。大部分探针的靶序列为 16S rRNA，因为它在活性微生物体内具有较高拷贝数，分布广泛、功能稳定，而且它在系统发育上具有适当的保守性。另外，也有将 23S rRNA 或 16S rRNA 和 23S rRNA 基因间隔区作为靶序列的。根据待测微生物体内 16S rRNA 中的某段特异性序列，设计相应的寡核苷酸探针（表 3 - 6、表 3 - 7），就可实现对目标微生物的原位检测，而选取在分子遗传性质上保守性不同的特异序列，就可在不同水平（如科、属、种等）上进行检测。如今互联网上的公用数据库包括了绝大部分已培养微生物的 16S rRNA 序列和许多直接从环

境中得到的微生物 DNA 序列。

表 3-6 常用的寡核苷酸探针

探针	序列（5′→3′）	目标位置 16S rRNA	特异种属
Univ1392	ACGGGCGGGTGTGTAC	1 392～1 406	
Eub338	GCTGCCTCCCGTAGGAGT	338～355	细菌
Alphalb	CGTTCGTTCTGAGCCAG	19～35	α-变型菌亚纲
Beta42a	GCCTTCCCACTTCGTTT	23S 1 027～1 043	B-变型菌亚纲
Gam42A	GCCTTCCCACATCGTTT	23S 1 027～1 043	γ-变型菌亚纲
CF319A	TGGTCCGTGTCTCAGTAC	319～336	CFB
HGC69a	TGTAGTTACCACCGCCGT	1 901～1 918	高 G+C DNA 含量 G^+ 菌

表 3-7 FISH 技术检测硝化细菌常用探针

探针	序列（5′→3′）	目标位置 16S rRNA	特异种属
NEU23a	CCCCTCTGCTGCACTCTA	653～670	氨氧化菌
Nb1000	TGCGACCGGTCATGG	1 000～1 010	*Nitrobacter hamburgensis*、*Nitrobacter winogradsdyi*、*Nitrobacter* sp.
NIT3	CCTGTGCTCCATGCTCCG	1 035～1 048	*Nitrobacter* sp.
CNIT3	CCTGTGCTCCAGGCTCCG	1 035～1 048	
NS0190	CGATCCCCTGCTTTTCTCC	190～208	氨氧化菌
NS01225	CGCCATTGTATTACGTGTGA	1 225～1 244	氨氧化菌
Nsm156	TATTAGCACATCTTTCGAT	156～174	NEU+*Nitrosomonas*
Nsv443	CCGTGACCGTTTCGTTCCG	444～462	*Nitrosospira briensis*、*Nitrosovibrio tenuis*、*Nitrosolobus multiformis*
CTE	TTCCATCCCCCTCTGCCC	659～676	*Coamonastestosteroni*、*Leptothriz discophara*、*Leptothriz relaticves*
S-*-Ntspa-1026-s-A-18	AGCACGCTGGTATTGCTA	1 026～1 043	

（2）材料准备。

仪器：相差荧光显微镜，恒温水浴锅，杂交炉，CCD 数码式摄像系统，配有绿光、红光和 UV（紫外线）滤光片。

试剂：磷酸盐缓冲液（PBS），质量分数为 50%、80%、98% 的乙醇溶液，40 g/L 的聚甲醛溶液（将 65 mL 灭菌水加热至 60 ℃左右，加入 4 g 聚甲醛，加入 1 滴 2 mol/L NaOH，搅匀，冷却至 4 ℃左右，分 3 次加入 33 mL PBS，用 6 mol/L HCl 调节溶液 pH 为 7.2，用 0.2 m 的滤芯过滤溶液），Vectabond 处理载片涂层溶液，去离子 N－甲酰苯胺（SDS）100 g/L ，含探针的杂交缓冲液（NaCl 0.9 mol/L，pH 7.2 的 Tris － HCl 20 mmol/L，SDS 0.1 g/L，探针 1 μmol/L），2×杂交缓冲液（NaCl 105.8 g，pH 7.2 的 1 mol/L Tris － HCl 40 L），100 g/L 阻断剂（罗氏诊断公司，德国），10 mg/L DAPI，甘油/PBS 溶液（英国 Citifluor 公司）。

（3）操作步骤。

样品预处理：革兰氏阳性细菌用质量分数为 50%的乙醇溶液，革兰氏阴性细菌用 40 g/L 的聚甲醛溶液处理，再以磷酸盐缓冲液洗脱 2 次，悬浮于等体积的磷酸盐缓冲液与质量分数为 98%乙醇溶液的混合液中，储存于－20 ℃备用。土壤样品处理过程如下：1 mL土壤样品悬液于 2 mL 离心管中，15 000 r/min、4 ℃条件下离心 10 min，去上清液。加入 1 mL 1×PBS，充分混匀后，相同条件下离心，去上清液。重复离心 2 次。加入 1 mL 质量分数为 4%的聚甲醛溶液，用振荡器充分混合。在 4 ℃条件下保存 5 h 或过夜。离心，去上清液重复离心 1 次。加 0.5 mL 质量分数为 98%的乙醇溶液和 0.5 mL 1×PBS，混匀，可以直接用于下一步实验的涂布或－20 ℃保存数月。

样品固定：将固定样品溶液中悬浮颗粒的浓度稀释至 300 mg/L，用超声波搅拌器将细胞充分分散，根据 S1ide 盒中空的大小取 8 μL 或 30 μL 固定样品悬液，均匀涂布在孔中，放置 15 min 左右，自然干燥，干燥后的 S1ide 分别在质量分数为 50%、80%和 98%的乙醇溶液中各脱水 3 min，放置 5～10 min，自然干燥。

预杂交：在一个有盖小塑料盒内放入一张叠好的厚 3 mm 的纸，用杂交缓冲液浸湿，在杂交炉中保温至 46 ℃。将 15 L（小孔）或 60 L（大孔）滴入 Slide 的孔中。将 Slide 移入小塑料盒中，盖好，放入杂交炉中，46 ℃下预杂交 1～2 h。

杂交与清洗：杂交缓冲液（10pmol/μL）∶探针＝10∶1（或 10∶0.5）。从杂交炉中取出预先杂交过的 Slide，将预杂交缓冲液倒掉，在孔中迅速加入 15 μL（小孔）或 60 μL（大孔）含有探针的杂交缓冲液。再将 Slide 放回小塑料盒中，在 46 ℃下杂交 3～10 h。将杂交后的 Slide 取出，在已经升温至 48 ℃的相应杂交缓冲液中沥一下，竖直放入盛有杂交缓冲液的玻璃容器中，48 ℃下保温 20 min。用蒸馏水冲洗 Slide 正反面，甩干水珠，晾干。在孔中加入 8 L（小孔）或 60 L（大孔）10 mg/L DAPI，静置 5 min。同样用蒸馏水冲洗 Slide 正反面，甩干水珠，晾干。

观察：在孔中滴入 10～20 μL Slow Fade Kit，盖上盖玻片，在荧光显微镜下进行观察，记录结果并进行分析。

（4）FISH 技术具有以下特点。

① 操作简易、快速，从收集标本到得到结果只要 1～2 d 时间。

② 采用生物素、荧光素等标记的探针比用放射性同位素标记探针更为安全。

③ 探针标记后稳定，一般可使用 2 年左右。

④ 灵敏度高，应用不同的探针可以显示出某一染色体、染色体片段和单拷贝序列。

⑤ 可在染色体中期相和间期相上观察结果。

⑥ 可以同时检测两种以上 DNA 的三维结构，制备出染色体的光谱核型，使全染色体的自动分析得以实现。

⑦ 可用多种显色。

⑧ 特别适用于易位、微小缺失和插入等染色体畸变的分析。

在应用 FISH 技术过程中也会出现一些问题，影响正常结果，如出现假阳性、假阴性结果。

假阳性结果：FISH 技术应用最明显的问题是微生物自身的荧

光。许多霉菌和酵母菌，如铜绿假单胞菌属、军团菌属、蓝细菌和古菌如产甲烷菌等一些细菌中存在这样的荧光特性，这就降低了信噪比，同时也掩盖了特异的荧光信号。此外，微生物的培养基、固定方法和封闭剂对荧光的信号强度均有很大的影响。有学者认为，使用狭窄波段的滤镜和信号放大系统能降低自身背景荧光。对白色念珠菌的研究显示，随着固定条件和激发光波长的改变，自身荧光也随之改变。因此，对信号的解释需要谨慎。

假阴性结果：主要是由于探针渗透性不足导致的，常发生在革兰氏阳性菌的研究中。造成假阴性结果的原因主要有以下几个方面。

第一，特异性低。FISH 技术的精确性和可靠性很大程度上依赖其探针特异性。在每次的实验中，阳性对照及与待检菌株相近的几个碱基误配的阴性对照是必需的。对于苛养菌和难培养的微生物，利用斑点印迹杂交方法来检查其特异性是很有帮助的。探针的特异性和灵敏性也取决于杂交条件，杂交和洗脱温度、变性剂的浓度等都要进行优化。在一定温度范围内，提高杂交温度可以提高探针特异性；杂交时间过短会造成探针结合不完全，杂交时间过长会增加非特异性着色；杂交洗脱液中 NaCl 浓度过高会降低探针的特异性。

第二，低 rRNA 丰度。虽然大多数细菌含有高的 rRNA 丰度，但是 rRNA 丰度变异不仅发生在种属间，也发生在同一菌的不同生长阶段，休眠、代谢不活跃、生长缓慢的细菌含有低的 RNA 丰度，这将导致低强度信号或假阴性结果，为检测低生长速率的细菌，推荐使用类似 CY3 的高强度荧光染料。

第三，信号衰减。许多荧光信号一旦被激发后，几秒钟或几分钟后就迅速衰减。为克服此类难题，可选择窄波段的荧光滤光片、信号稳定的荧光染料及抗衰减的荧光媒介油。

2. 肽核酸（PNA）探针杂交技术 PNA 探针是一种不带电荷的 DNA 类似物，其主链骨架是由重复的 N-（2-氨基乙基）甘氨酸以酰胺键聚合而成，碱基通过亚甲基连接到 PNA 分子的主链上。PNA 分子骨架上所携带的碱基能与互补的核酸分子杂交，而且这种杂交与相应的 DNA 分子杂交相比结合力及专一性都较高。例如，PNA 探针结构较 DNA 探针简单，穿透力强，可直接检测金黄色葡萄球菌而不需要酶的预处理。

由于 PNA 与 DNA 分子间没有电荷排斥力，杂交形成的双螺旋结构热稳定性高，这种杂交的结合强度和稳定性与盐度无关。PNA 是由碱基侧链和聚酰胺主链骨架构成，所以不易被核酸酶和蛋白酶识别从而降解。PNA 探针的最大优势是能够接近位于 RNA 高级结构区域中的特异靶序列，极大提高了 PNA - FISH 检测的灵敏性，而 DNA 探针不具备这一特性（Lehtola et al.，2006；Chandler et al.，2000）。DNA 与 PNA 分子结构差异见图 3 - 3。

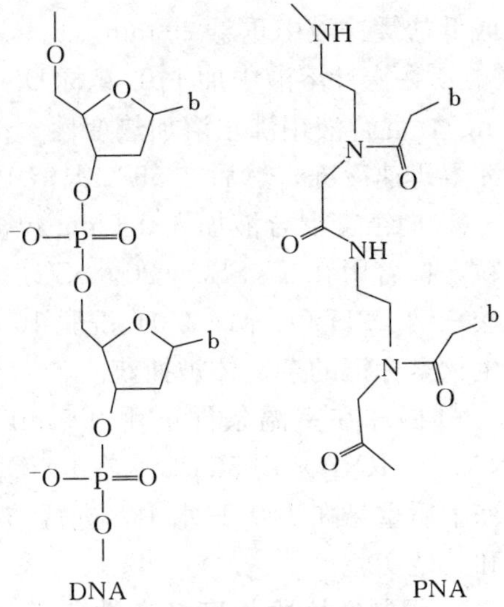

图 3 - 3　DNA 与 PNA 分子结构差异

（1）材料准备。

① 仪器。相差荧光显微镜，恒温水浴锅，杂交炉，CCD 数码式摄像系统（配有绿光、红光和 UV 滤光片）。

② 试剂。高盐缓冲液（0.2 mol/L 磷酸钠，0.1 mol/L EDTA，2.5 g/L SDS，pH8.0），低盐缓冲液（0.05×高盐缓冲液），三氟乙酸。

（2）操作步骤。

① DNA 提取。

② 分别合成 DNA 寡核苷酸探针 Gbc.1400r（5′-生物素- PEG - PEG - GGACCAATCGACTCCGT），含有两个聚乙二醇连接体以

及 5′-生物素- OOOOGGACCAATCGACTC - CCGT 和 Gbc 夹子（5′-生物素- OOO - JJTTTJJ - OOO - CCTTTTCC），其中 O 代表 9 -微疏水间隔区 8 -氨基- 3，6 -二氧杂辛酸，J 代表类异胞嘧啶。该探针溶解在质量分数为 0.1%的三氟乙酸中，冻干成150 pmol或15 000 pmol。

③ 冻干的 PNA 探针或 3 L DNA 探针室温条件下在高盐缓冲液或低盐缓冲液中重悬 20 min。

④ 在探针溶液中加 4 μL 靶标 DNA（1～100 ng）或 16S rRNA（1 ng），混合液用沸水浴加热变性 5 min。变性的 DNA -探针溶液在冰上迅速冷冻，然后在 55 ℃温浴 10 min，静置 4 h 或过夜。

⑤ 向杂交混合液加入 0.6 mg 包被了抗生蛋白链菌素的顺磁性颗粒，接着用 0.5×SSC（20×SSC：3 mol/L NaCl，0.3 mol/L 柠檬酸三钠 · $2H_2O$，pH 7.0）洗脱 10 min，室温下在间歇混合过程中生物素标记的杂交体被捕获。

⑥ 磁珠在室温条件下用 0.5 mL 0.5×SSC 洗脱 3 次，靶标 DNA（或 RNA）用 50 μL 水在 90 ℃洗脱 2 次，每次 2 min。洗脱液冻干后重悬在 100μL 水中，进行结果分析。可进一步做 PCR 扩增和其他实验。

3. 限制性片段长度多态性分析（RFLP）**技术**　RFLP 是指基因型之间限制性片段长度的差异，这种差异是由限制性酶切位点上碱基的插入、缺失、重排或点突变所引起的。RFLP 技术就是依据不同基因型之间内切酶位点的碱基插入、缺失、重组或突变，利用限制内切酶消化基因组 DNA 时，会产生大小不同的 DNA 片段，电泳后通过 Southern 印迹杂交，将这些大小不同的 DNA 片段转移到硝酸纤维膜或尼龙膜上，然后用特异的探针进行杂交，最后通过放射性自显影或其他显色技术显示杂交结果，从而揭示出 DNA 的多态性。

（1）操作步骤。

① DNA 提取。

② 限制性内切酶酶切 DNA，凝胶电泳分开 DNA 片段，把片

段转移到滤膜上。

③ 利用放射性标记的探针杂交显示特定的 DNA 片段（Southern 印迹杂交）和结果分析。杂交探针的制备主要有以下几种方法：

一是应用寡核苷酸探针从基因文库中分离相应的基因片段作为专一性基因探针。二是利用不同种生物的基因同源性，筛选研究对象基因文库，分离相应的基因片段作为探针。三是用免疫学方法提纯特异性 mRNA，制备专一性基因探针等。

（2）优缺点分析。RFLP 标记作为 DNA 水平上的遗传标记，有其独特的优点：①无表型效应，RFLP 标记不受环境条件、表达组织的影响；②共显性，即 RFLP 标记座位的等位基因之间呈共显性，因此可以通过电泳、杂交后显示的带型直接区分纯合与杂合基因型，提供整个标记座位完全的遗传信息；③非等位的 RFLP 标记之间不存在上位互作效应，因此互不干扰；④可利用的探针较多，可以检测到很多遗传位点；⑤可重复性高，结果稳定可靠；⑥RFLP 标记普遍存在于各种生物的基因组中，只要选用特异的探针或限制性内切酶，将产生足够的 RFLP；⑦与核酸序列分析相比，可省去序列分析中许多繁琐工序。

与此同时，RFLP 标记也有其不足之处：①对 DNA 质量要求高，需求量大（5～10 μg）；②实验操作过程仍然复杂繁琐；③RFLP 标记一次只能检测一个多态位点，多态信息含量低，一般只有 0.2 左右，且大多数 RFLP 表现为 2 态或 3 态，杂合率低于 50%；④RFLP 标记受限制性内切酶的类型制约，只有选用一定的限制性内切酶，某个位点才可能表现出多态性；⑤制备检测 RFLP 标记的探针步骤繁琐，程序较多，如用于 RFLP 标记的 DNA 探针是某个编码基因的时候，一般在制备探针前就必须先分离该编码基因，这对探测 RFLP 的多态性造成了麻烦；⑥具有放射性，对人体易造成伤害。尽管当前美国 RBL 公司的 Biotin 系统、英国 Amersham 公司的 ECL 系统已研制出了非放射性同位素标记技术，但由于受检测周期长、价格昂贵、检测过程繁琐、成功率低等因素的影响与限制，该技术的推广仍然受到影响。

PCR 技术的出现使生命科学研究领域掀起了一股革命浪潮，同时也使多态性的检测更为直接、快速。PCR - RFLP 技术就是在此基础上建立和发展起来的，其基本原理和步骤是先用一对特定引物扩增基因组 DNA 从而获得特定的 DNA 片段，然后用相应的限制性内切酶对该扩增片段直接进行酶切，再用电泳技术检测分析其多态性。该技术与 RFLP 技术相比具有如下优点：①对基因组 DNA 质量要求较低，需求量较小；②实验操作过程相对简单；③不需要克隆基因作探针；④不依赖 Southern 印迹杂交技术等。因此，当前 PCR - RFLP 技术的应用更为广泛。

（二）PCR 分析法

1. 意义、范围与质控　为调查全国不同土种中不同微生物种群 DNA 水平生物量，比较养分转化微生物丰度水平，需要对土壤细菌、真菌、古菌和碳氮磷功能基因进行实时荧光定量检测。此方法适用于土壤鲜样或存放于 -70 ℃的土壤样本。质控过程采取定量 Actin 报告基因作为标准内参及阴性对照进行质控，保证上机测试结果的准确性。

2. 实验材料

（1）PEASY - T1 载体、Trans1 - T1 感受态细胞、DNA 提取试剂盒、PCR 纯化试剂盒、质粒提取试剂盒。

（2）LB 液体及平板培养基：10 g/L 胰蛋白胨、10 g/L NaCl、5 g/L 酵母提取物、10 g/L 琼脂；100 mL LB 培养基中添加 100 μL 氨苄青霉素（制备母液 100 mg/mL）。

（3）96 孔板及膜、移液枪、枪头、2.5 mL 离心管、ddH_2O、2×Taq Master Mix、2×T5 Fast qPCR Mix（SYBR Green I）。

3. 实验仪器　实时荧光定量 PCR 仪、高速冷冻离心机、微量紫外分光光度计、旋涡仪、水浴锅、电泳仪、恒温培养箱。

4. 方法原理　实时荧光定量 PCR（real - time quantitative, PCR）是一种在 DNA 扩增反应中，以荧光化学物质检测每次聚合酶链式反应（PCR）循环后产物总量的方法。在荧光定量 PCR 过程中，最常用的方法是 DNA 结合染料 SYBR Green I 的非特异性方法和 Taqman 水解探针的特异性方法。前者（SYBR Green I）是一种结合于所有 dsDNA 双螺旋小沟区域的具有绿色激发波长的染料，在游离状态下会发出微弱的荧光，但一旦与双链 DNA 结合后，荧光将大大增强。后者（Taqman）是利用 Taq 切核酸酶活性切断探针，产生荧光信号。由于探针与模板是特异性结合，所以荧光信号的程度就代表了模板的数量。

绝对定量 RT－qPCR 利用荧光信号的变化实时检测 PCR 扩增反应中每一个循环扩增产物量的变化，通过 CT 值（threshold cycle）和标准曲线实现对起始模板的定量分析。CT 值：实时定量扩增过程的荧光信号达到指数扩增时的循环次数。CT 值与起始模板的关系研究表明，每个模板的 CT 值与该模板的起始拷贝数的对数存在线性关系，起始拷贝数越多，CT 值越小（Heid et al.，1996）。

5. 土壤 DNA 提取

（1）加入 0.25 g 土壤样品到一个 Power Bead Tubes 中，轻轻涡旋混匀。

（2）检测 Solution C1。若出现沉淀，60 ℃水浴至全溶解。

（3）加入 60 μL Solution C1，上下颠倒数次混匀。

（4）把 Power Bead Tubes 固定在涡旋仪适配器上，最大转速（3 200 r/min，若涡旋仪达不到此速度，可适当延长 5～10 min）涡旋连续振荡 10 min。

（5）室温 10 000 g 离心 30 s，转移上清液至一个干净的 2 mL Collection Tube（试剂盒提供）中。

（6）加入 250 μL Solution C2 到上清液中，涡旋混匀 5 s，4 ℃孵育 5 min。

（7）室温 10 000 g 离心 1 min，避开沉淀小珠，转移≤600 μL 上清液到一个新的收集管（2 mL Collection Tube）中。

（8）加入 200 μL Solution C3 到上清液中，涡旋混匀，4 ℃孵育 5 min。

（9）室温 10 000 g 离心 1 min，避开沉淀小珠，转移≤600 μL 上清液到一个新的收集管（2 mL Collection Tube）中。

（10）Solution C4 使用前先摇匀。加入 1 200 μL solution C4 到上清液中，涡旋混匀 5 s。

（11）加约 675 μL 上清液到 spin filter 中，室温 10 000 g 离心 1 min。弃去滤液，继续加 675 μL 上清液，室温 10 000 g 离心 1 min。重复直至过滤完所有上清液（每个样品共需要加载 3 次）。

（12）加 500 μL solution C5 到 spin filter 中，室温 10 000 g 离心 30 s，弃上清液。

（13）室温 10 000 g 离心 1 min，小心转移 spin filter 到 2 mL collection tube 中，尽量避免 solution C5 污染。

（14）加入 100 μL solution C6 到白色滤膜中心。室温 10 000 g 离心 30 s。弃去 spin filter，此时收集管中的 DNA 可以直接用于下游实验，无须进一步纯化。

（15）将提取好的 DNA 使用微量紫外分光光度计（Nano Drop ND-1000，美国）测定浓度和纯度，对符合质量标准的 DNA（260/230nm>1.8，260/280nm>1.8）冷冻保存（−80～−20℃）。

6. 细菌、真菌、古菌和功能基因的质粒构建

（1）细菌、真菌、古菌和碳氮磷功能基因的基因片段 PCR 扩增。细菌、真菌、古菌和碳氮磷功能基因的 PCR 反应体系一致，所不同的只是使用的引物序列以及对应的 PCR 反应条件（表 3-8）。

具体过程以细菌为例。

① PCR 反应体系。25 μL 的 2×Taq Master Mix、2 μL 的 515F 引物序列、2 μL 的 907R 引物序列、2 μL DNA 和 19 μL 的 ddH_2O，体系共计 50 μL。

② PCR 扩增程序。将上述反应体系按照 95 ℃持续 2 min，在 94 ℃下持续 35 个循环 20 s，在 55 ℃下持续 40 s，在 72 ℃下持续 1 min，最终在 72 ℃下延续 10 min 的反应程序进行 PCR 扩增。

③ PCR 产物电泳检测和纯化。取 2 μL 上述 PCR 产物进行核

表 3-8 细菌、真菌、古菌和碳氮磷功能基因常用的引物序列及 PCR 反应条件

	引物名称	引物序列（5′→3′）	扩增程序	参考文献
细菌	515F	GTGCCAGCMGCCGCGG	95 ℃持续 2 min，94 ℃ 35 个循环持续 20 s，55 ℃持续 40 s，72 ℃持续 60 s，72 ℃延续 10 min	Tamaki et al.，2011
	907R	CCGTCAATTCMTTTRAGTTT		
真菌	ITS1-1737F	GGAAGTAAAAGTCGTAACAAGG	95 ℃持续 3 min，95 ℃ 35 个循环持续 30 s，59.3 ℃持续 30 s，72 ℃持续 45 s，72 ℃延续 10 min	Degnan et al.，2012
	ITS2-2043R	GCTGCGTTCTTCATCGATGC		
古菌	519F	CAGCCGCCGCGGTAA	96 ℃持续 4 min，94 ℃ 35 个循环持续 30 s，57 ℃持续 40 s，72 ℃持续 45 s，72 ℃延续 10 min	Coolen et al.，2004
	915R	GTGCTCCCCCGCCAATTCCT		
碳固定（*cbbL* 基因）	K2f	ACCA[C/T]CAAGC C[G/C]AAGCT[C/G]GG	95 ℃持续 5 min，95 ℃ 35 个循环持续 45 s，62 ℃持续 45 s，72 ℃持续 90 s，72 ℃延续 20 min	Tolli et al.，2005
	V2f	GC CTTC[G/C]AGCTTGC C[G/C]ACC[G/A]		
固氮菌（*nifH* 基因）	PolF	TGCGAYCCSAARGCBGACTC	94 ℃持续 15 min，94 ℃ 32 个循环持续 60 s，55 ℃持续 60 s，72 ℃持续 60 s，72 ℃延续 10 min	Poly et al.，2001
	AQER	GACGATGTAGATYTCCTG		
丛枝菌根菌	AMV45NF-F	AAGCTCGTAGTTGAATTTCG	94 ℃持续 15 min，94 ℃ 32 个循环持续 60 s，55 ℃持续 60 s，72 ℃持续 60 s，72 ℃延续 10 min	Lumini et al.，2010
	AMDGR-R	CCCAACTATCCCTATTAATCAT		

注：*cbbL* 基因编码核酮糖-1,5-二磷酸羧化酶/加氧酶(RubisCO)，它是卡尔文循环中的关键酶，该酶催化卡尔文循环中的第一步 CO_2 固定。*nifH* 基因编码二氮酶还原酶，它是氮固定过程中重要的酶。

酸电泳检测。若核酸电泳检测合格（目的条带是否在预期位置，如果是则合格）则进行纯化，若不合格则重复以上 PCR 扩增步骤直至电泳检测合格后进行 PCR 纯化。纯化过程为“吸附—洗杂—洗脱”的过程。具体而言，将电泳合格的 PCR 产物置于 DNA 纯化柱中，产物中 DNA 片段会吸附于 DNA 纯化柱上，利用 wash buffer 通过一系列快速漂洗—离心的步骤，将引物、核苷酸、蛋白质、酶等杂质去除（洗杂需重复多次以尽可能洗去杂质，提高产物纯度），最后用洗脱液将 DNA 片段洗脱。更详细的纯化步骤可以根据购买的 PCR 纯化试剂盒上的标准步骤进行。

（2）细菌、真菌和古菌的 PCR 产物与 T 载体连接。将上述经纯化后的细菌、真菌和古菌的 PCR 产物与 T 载体连接以构建已知浓度的标准样品。具体步骤如下：

体系：4 μL 纯化后的 PCR 产物与 1 μL pEASY®- T3 Cloning Vector 轻轻混合。混合后，在 25 ℃下反应 5 min，反应结束后，将离心管置于冰上。

转化：

① 在大肠杆菌感受态细胞刚解冻时加入以上混合体系。即将以上体系加入 50 μL 的感受态细胞中，轻弹混匀后冰浴 25 min。42℃水预热 30 s 后立即置于冰上 2 min。

② 将以上体系加入 250 μL LB 培养液中（不含氨苄青霉素），200 r/min 在 37℃培养 1 h。

③ 将 300 μL 菌液在 5 000 g 离心 3 min，去除上层 200 μL LB 培养基，将剩余的 100 μL 菌液均匀涂在 LB 培养基上（加氨苄青霉素）在 37℃下过夜培养 12 h（注：培养时间不能过长）。

（3）阳性克隆检测及质粒提取。

① 阳性克隆检测。

PCR 方法鉴定阳性克隆。

步骤一：用无菌接种针点接 8～10 个白色单克隆菌落，分别放入 8 μL 无菌水中，涡旋混匀，并进行编号。

步骤二：取 1 μL 混合液于 20 μL PCR 反应体系中，用 M13 引物鉴定阳性克隆，PCR 反应体系 20 μL，包括：10 μL 的 Taq Master Mix、1 μL 的 M13F 引物序列、1 μL 的 M13R 引物序列、合计 8 μL 的 DNA 模板和 ddH_2O。

步骤三：将上述反应体系按照 94 ℃持续 10 min，在 94 ℃下持续 35 个循环 30 s，在 55 ℃下持续 30 s，在 72 ℃下持续 30 s，最终在 72 ℃下延续 10 min 的反应程序进行 PCR 扩增。

步骤四：进行产物测序鉴定。（原有条带长度＋199bp）若假阳性，199bp 处有条带。

② 大肠杆菌菌株保存。

挑取电泳检测合格的菌落至 1 mL 的 LB 培养液中（不含氨苄青霉素）培养 12～24 h，再与甘油（体积比）1∶1 保存。

③ 质粒提取。

● 摇菌培养步骤

步骤一：将上述鉴定测序正确的克隆菌（带质粒的大肠杆菌）液涂在 LB 固体平板。

步骤二：置于 37 ℃恒温培养箱，培养 12～17 h，待长出菌落。

步骤三：灭菌 15 mL 离心管内加入 5 mL 含抗生素的 LB 液体培养基，编号标记。

步骤四：挑取单克隆菌团置于液体培养基，每个培养基放置 1 个菌落。

步骤五：37 ℃，180 r/min，振荡培养过夜。

● 收获细菌并裂解步骤

步骤一：离心扩增好的菌液，按说明书将菌液重悬，转入 1.5 mL离心管中。用质粒小量抽提试剂盒，按说明书要求提取质粒。

步骤二：细菌高速离心 1 min，彻底去除上清液。

步骤三：加入 250 μL RB 溶液，振荡器充分悬浮细菌。

步骤四：加入 250 μL LB 溶液。立即上下颠倒 10 次，使细菌裂解，室温放置 2 min。

步骤五：加入 250 μL NB 溶液。立即上下颠倒 10 次，使之充分中和，室温放置 2 min。

步骤六：室温，1 500 r/min，离心 15 min。

步骤七：将吸附柱放入收集管内，离心得到的上清液转移至吸附柱。室温，15 000 r/min，离心 30 s。

步骤八：弃废液，将吸附柱放入收集管，加入 700 μL WB 溶液到吸附柱中，15 000 r/min，离心 30 s。

步骤九：重复上一操作，之后，将吸附柱放入干净的 1.5 mL 离心管中，加 30～50 μL 预热的 Elution Buffer，室温，放置 2 min，高速离心 1 min。

步骤十：采用 1%琼脂糖凝胶电泳检测，上样量为 2μL，紫外灯下观察，最明亮的带为超螺旋形式，可以在一定程度上表明提取质粒的纯度。

● 质粒的纯化步骤

步骤一：将之前提取好的质粒放入 1.5 mL 离心管中，加入 1/10体积的 3 mol/L 无菌乙酸钠溶液。

步骤二：加入 2 倍体积的无水乙醇，放置于－20 ℃沉淀 4～6 h或过夜。

步骤三：4 ℃，14 000 r/min，离心 20 min。

步骤四：弃去上清液，70%乙醇洗 2 次。

步骤五：空气干燥，可置超净工作台干燥。

步骤六：加 200 μL 无菌水溶液干燥后所得沉淀，即为质粒溶液。

步骤七：紫外分光光度计测量质粒浓度和产量。

步骤八：测量 OD_{260} 的值。

步骤九：计算质粒 DNA 浓度（ng/μL），即 $OD_{260}\times50\times$稀释倍数。

7. 荧光定量检测

（1）梯度质粒标准样品制备。

① 取 10 μL 质粒标准品加入 990 μL 水，涡旋混匀稀释 100 倍，作为第一个样品 A。

② 从 A 中取 10 μL 样品加入 90 μL 水，混匀稀释 10 倍，作为第二个样品 B。

③ 从 B 中取 10 μL 样品加入 90 μL 水，混匀稀释 10 倍，作为第三个样品 C。

④ 以此类推。制备 6～8 个梯度样品。

（2）反应体系构建、qPCR 上机检测和结果计算。

① qPCR 上机检测。将上述配置完成的梯度质粒标准品及提取的 DNA 待测样品作为 qPCR 模板上机执行 qPCR，同时以加 ddH_2O 为空白对照。在 96 孔板中，一个样品 3 次重复（即 3 孔），以 2×T5 Fast qPCR Mix（SYBR Green I）染色扩增，扩增体系各组分如表 3-9 所示。

表 3-9　扩增体系各组分

组分	体积（μL）
2×T5 Fast qPCR Mix（SYBR Green I）	10
10 μmol/LPrimer F	0.5
10 μmol/LPrimer F	0.5
Template（gDNA）	1
ddH_2O	8
合计	20

注：以上扩增体系按本章中不同微生物（细菌、真菌或古菌）的引物对应的扩增程序进行扩增。

② qPCR 下机后进行数据分析。

步骤一：根据已知的质粒浓度（ng/μL），计算对应的标准品的拷贝数。

$$拷贝数=(质量/相对分子质量)\times 6.02\times 10^{23}$$

式中　6.02×10^{23}——摩尔分数；

DNA 长度——对应引物的碱基长度；

1 ds——DNA 碱基＝660D。

步骤二：根据已知的质粒拷贝数绘制标准曲线。

$$y=kx+b$$

式中　x——样品拷贝数；

k——斜率；

b——截距。

注：R^2 需要达到 0.99 以上，扩增效率在 90%～110%，兼并引物可放宽到80%～120%。如果剔除一些数据后仍然不行，重新稀释，重做标准曲线。

步骤三：基于质粒浓度算得的 k 值和 b 值，代入待测样品对应的 CT 值即可获得待测样品的拷贝数。

第五节　主要土壤酶活性测定

为调查全国土壤微生物的碳氮磷元素转化功能，需要对 6 个碳氮磷转化典型酶的功能活性进行测定。6 种酶类分别是：脲酶，在土壤氮循环中负责将有机氮转化为无机氮；硝酸还原酶，在土壤反硝化过程中负责将硝酸离子还原成亚硝酸离子；氨单加氧酶，在土壤硝化反应中负责将铵根离子转化为羟胺；土壤磷酸酶，当土壤 pH<7 时，适用酸性磷酸酶测定方法；当土壤 pH≥7 时，适用碱性磷酸酶测定方法；β-葡萄糖苷酶，在土壤碳循环中负责纤维素的降解生成葡萄糖；多酚氧化酶，在土壤碳循环中参与木质素及多酚类物质的降解。上述土壤酶活性的测定适于土壤鲜样或风干后的土壤样品。测定的质控过程采取同一批次样品 1%～5%随机抽样后重复测试结合留样复测提高检测结果的准确性。

一、脲酶

（一）方法原理

采用苯酚-次氯酸钠比色法。在碱性溶液中，在亚硝基铁氰化钠催化剂存在下生成蓝色的靛酚，该生成物数量与氨浓度成正比。其反应式如下：

$$CO(NH_2)_2+H_2O \longrightarrow CO_2\uparrow+2NH_3$$

（二）材料试剂

1. 供试土壤　本方法所使用土壤为从田间采样并自然风干后样品。

2. 实验仪器

（1）分光光度计。

（2）恒温箱。

（3）分析天平。

（三）实验方法

1. 试剂配制

（1）柠檬酸盐缓冲液。取 368 g 柠檬酸溶于 600 mL 蒸馏水中，另取 295 g 氢氧化钾溶于水，再将两种溶液合并，用 1 mol/L 氢氧化钠将 pH 调至 6.7，并用蒸馏水稀释至 2 L。

（2）苯酚钠溶液。称 62.5 g 苯酚溶于少量乙醇中，加 2 mL 甲醇和 18.5 mL 丙酮，然后用乙醇稀释至 100 mL（A 液），保存在冰箱中。

（3）氢氧化钠溶液。称 27 g 氢氧化钠溶于 100 mL 水中（B 液），保存在冰箱中。使用前，取 A、B 两液各 20 mL 混合，并用蒸馏水稀释至 100 mL 备用。

（4）次氯酸钠溶液。用水稀释制剂，至活性氯的浓度为 0.9%，溶液稳定。

（5）10%尿素。

（6）甲苯。

（7）氮的标准溶液。精确称取 0.471 7 g 硫酸铵溶于水并稀释至 1 000 mL，则得 1 mL 含 0.1 mg 氮的标准液。绘制标准曲线时，可再将此液稀释 10 倍使用。

2. 操作步骤

（1）标准溶液。吸取稀释的标准液 10 mL、25 mL、40 mL、60 mL、75 mL、90 mL，移于 500 mL 容量瓶中，然后加蒸馏水至刻度。在 10 mL 每一溶液中，分别含有 20 μg、50 μg、80 μg、120 μg、150 μg 及 180 μg 的 NH_3-N。这些溶液用于绘制标准曲线。

（2）取 10 g 过 1 mm 筛的风干土壤样本，置于 100 mL 三角瓶中，加 2 mL 甲苯。

（3）甲苯处理 15 min 后加 10 mL 10％尿素溶液和 20 mL pH 6.7 柠檬酸盐缓冲液摇匀。

（4）在 37 ℃恒温箱中培养 3 h 后，用热至 38 ℃的蒸馏水稀释至刻度，摇荡，将悬液过滤，滤液备用。

（5）与此同时，对每一土样设置用水代替基质的对照；对整个试验，设置无土壤的对照，以检验试剂的纯度。

（6）取 1 mL 滤液注入 50 mL 容量瓶中，用蒸馏水稀释至 10 mL，然后加入 4 mL 苯酚钠溶液，并立即加入 3 mL 次氯酸钠溶液。加入每一试剂后，应将混合物仔细混合。

（7）用 1 cm 的比色槽，在比色计上于波长 578 nm 处测定颜色的深度（靛酚的青色能在 60 min 内保持稳定）。用供试样品所得的消光值减去对照样品消光值的差，根据标准曲线求出氨氮量。

3. 结果计算 脲酶活性以 24 h 每 100 g 土壤中 NH_3-N 含量表示。

$$土壤脲酶活性=(C\times V)\times 100/dwt$$

式中 C——土壤滤液中酶活性值，mg/mL；

V——土壤溶液体积，mL；

dwt——烘干土重量，g。

二、硝酸还原酶

（一）方法原理

采用酚二磺酸比色法。在厌氧环境下，通过与酚二磺酸发生蓝色反应，求出反应前后硝态氮量差值，用于表示硝酸还原酶活性。其反应式如下：

$$NO_3^- \rightarrow NO_2^- \rightarrow NH_2OH \rightarrow NH_4^+$$

（二）材料试剂

1. 供试土壤 本方法所使用土壤为从田间采样并自然风干后样品。

2. 实验仪器

（1）分光光度计。

（2）恒温箱。

（3）分析天平。

（4）水浴锅。

（5）真空泵。

（三）实验方法

1. 试剂配制

（1）1%KNO_3 溶液。

（2）1%葡萄糖。

（3）$CaCO_3$。

（4）铝钾矾饱和溶液。

（5）酚二磺酸。取 3 g 重蒸酚与 37 g（20.1 mL）浓 H_2SO_4 混合，在沸水浴上回流加热 6 h 即得。

（6）10%NaOH。

（7）KNO_3 标准溶液。精确称取 16.305 2 g 重结晶 KNO_3 溶于蒸馏水中并稀释至 1 L（1 mL 含 10 mg $NO_3^- - N$）。使用前，将标准溶液再进行稀释（1 mL 含 0.1 mg $NO_3^- - N$）。

2. 操作步骤

（1）吸取 50 mL KNO_3 标准溶液，置于瓷皿中，在沸水浴上蒸干，残渣用 2 mL 酚二磺酸处理 10 min。再加 15 mL 蒸馏水，定容至 500 mL（1 mL 含 0.01 mg $NO_3^- - N$）。吸取此溶液 5～40 mL 于 50 mL 容量瓶中，用 10%NaOH 调至微黄色，定容后在分光光度计上于 400～500 nm 处进行比色。以光密度值为纵坐标、浓度为横坐标，绘制标准曲线。

（2）取 1 g 过 1 mm 筛的风干土壤，置于 100 mL 减压三角瓶中，加 20 mg $CaCO_3$ 和 1 mL 1%KNO_3。仔细混合后，加 1 mL 葡萄糖（作为氢的供体）。将此混合液连接于真空泵抽气 3 min，稍摇荡三角瓶，置于 30 ℃恒温箱中培养 24 h。

（3）培养结束后，加 50 mL 水、1 mL 铝钾矾液，摇匀。取

20 mL 溶液移于瓷皿上蒸干。加 1 mL 酚二磺酸处理 10 min，加 15 mL 水，再加 10%NaOH 调至碱性。将着色液转至 50 mL 容量瓶中，定容、比色（波长为 450 nm）。

（4）用灭菌土壤（180 ℃加热 3 h）作对照。

3. 结果计算 硝酸还原酶活性以 24 h 后 10 g 土壤中被还原的 NO_3^- - N 表示。

$$硝酸还原酶活性=(m_0-m)\times 10/dwt$$

式中 m_0——反应前硝态氮含量，mg；

m——反应后硝态氮含量，mg；

dwt——烘干土重量，g。

三、氨单加氧酶

（一）方法原理

使用夹心法酶联免疫吸附试验（ELISA）方法测定氨单加氧酶活性，ELISA 的基础是抗原或抗体的固相化及抗原或抗体的酶标记。结合在固相载体表面的抗原或抗体仍保持其免疫学活性，酶标记的抗原或抗体既保留其免疫学活性，又保留酶的活性（图 3 - 4）。

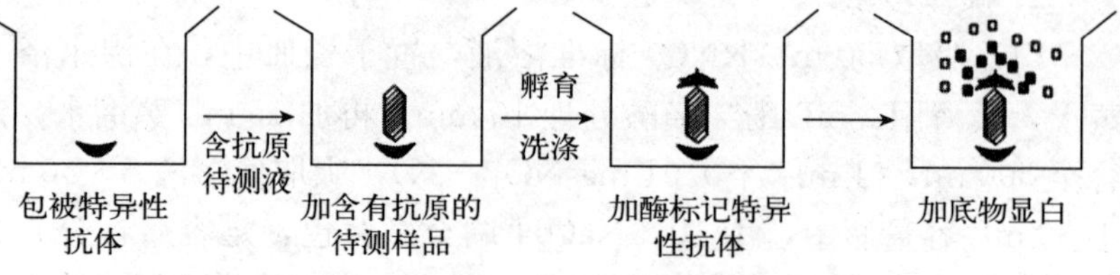

图 3 - 4 夹心法酶联免疫吸附试验原理图

往预先包被氨单加氧酶（AMO）捕获抗体的包被微孔中依次加入抗原待测物和准品、辣根过氧化物酶（HRP）标记的抗体，经过温育并彻底洗涤。用底物 3,3′,5,5′-四甲基联苯胺（TMB）显色，TMB 在过氧化物酶的催化下形成联苯醌，使用硫酸终止反应。

（二）材料试剂

1. 供试土壤　本方法所使用土壤为从田间采样并自然风干后样品。

2. 实验仪器

（1）酶标仪（450 nm）。

（2）96 孔板。

（3）10 000×g 离心机。

（4）单道移液器（10 μL、20 μL、200 μL、1 000 μL）。

（5）恒温箱。

（三）实验方法

1. 试剂配制

（1）预先包被 AMO 抗体（重组蛋白捕获抗体）的微孔板。

（2）AMO 标准液（大肠杆菌 *E. coli* 重组蛋白），浓度依次为：0、15 U/L、30 U/L、60 U/L、120 U/L、240 U/L。

（3）0.1 mol/L $NaH_2PO_4-NaH(PO_4)_2$ 磷酸盐缓冲液（PBS）。

（4）标记抗体液。0.05%辣根过氧化物酶（HPR）标记的抗体溶液。

（5）洗涤液。8.0 g NaCl、0.2 g KCl、2.9 g $Na_2HPO_4 \cdot 12H_2O$、0.2 g KH_2PO_4、0.5 mL 吐温-20，加无菌去离子水至 1 000 mL。

（6）底物显色液。先将 TMB 以 0.1 mol/L 的浓度溶于二甲亚砜，再将 1 mmol/L TMB 和 3.0 mmol/L H_2O_2 溶于 0.2 mol/L 乙酸钠/枸橼酸缓冲液（pH 4.0）。

（7）终止液。2 mol/L H_2SO_4。

2. 操作步骤

（1）称取 1 g 过筛的风干土壤，加入 9 g pH 7.2～7.4 的 PBS，手工将标本充分混匀。2～8 ℃条件离心（2 000～3 000 r/min）20 min左右，仔细收集上清液。

（2）设置标准品孔和样本孔，标准品孔各加不同浓度的标准品 50 μL，绘制标准曲线。

（3）样本孔先加待测样本 10 μL，再加去离子水 40 μL，空白孔不加。

（4）除空白孔外，标准品孔和样本孔中每孔加入 HRP 标记的检测抗体 100 μL，用封板膜封住反应孔，37 ℃水浴锅或恒温箱温育 60 min。

（5）弃去液体，吸水纸上拍干，每孔加满洗涤液，静置 1 min，甩去洗涤液，吸水纸上拍干，如此重复洗板 5 次（也可用洗板机洗板）。

（6）每孔加入底物显色液 100 μL，37 ℃避光孵育 15 min。

（7）每孔加入终止液 50 μL，15 min 内在 450 nm 波长处测定各孔的 *OD* 值。

3. 结果计算 以标准品浓度作横坐标、对应 *OD* 值作纵坐标，绘制出标准品线性回归曲线，按曲线方程计算各样本浓度值。

四、酸性和碱性磷酸酶

（一）方法原理

采用磷酸苯二钠比色法，主要根据酶促作用生成的有机基团量或无机磷量计算磷酸酶活性。总反应式如下：

$$\mathrm{R-O-\overset{\displaystyle ONa}{\underset{\displaystyle ONa}{P}}{=}O} \xrightarrow[(+\mathrm{H_2O})]{\text{(磷酸酶)}} \mathrm{ROH + Na_2HPO_4}$$

（二）材料试剂

1. 供试土壤 本方法所使用土壤为从田间采样并自然风干后样品。

2. 实验仪器

（1）分光光度计。

（2）冰箱。

（3）10 000×g 离心机。

（4）恒温箱。

（三）实验方法

1. 试剂配制

（1）磷酸苯二钠溶液。将 6.75 g 磷酸苯二钠溶于蒸馏水，并稀释至 1 000 mL（1 mL 含 25 mg 酚），保存于 4 ℃。

（2）乙酸盐缓冲液（pH 5.0，用于酸性磷酸酶测定）。硼酸盐缓冲液（pH 9.0，用于碱性磷酸酶测定）。

（3）氯代二溴对苯醌亚胺试剂（Gibbs 试剂）。取 200 mg 2,6-二溴苯醌氯酰亚胺，溶于乙醇，并稀释至 100 mL，保存于 4 ℃。

（4）标准溶液。

母液：取 1 g 酚溶于蒸馏水中，稀释至 1 L，贮于棕色瓶中。

工作液：取 10 mL 酚原液稀释至 1 L（每毫升含 0.01 mg 酚）。

（5）甲苯。

2. 操作步骤

（1）绘制标准曲线。分别取 1 mL、3 mL、5 mL、7 mL、9 mL、11 mL 和 13 mL 酚工作液，置于 100 mL 容量瓶中，每瓶加入 5 mL 缓冲液，用水稀释至 25 mL，加 1 mL Gibbs 试剂，静置 20 min后于 578 nm 处比色测定，绘制标准曲线。

（2）取 10 g 过 1 mm 筛的风干土置于 100 mL 三角瓶中，加 1.5 mL 甲苯，轻摇 15 min。

（3）加入 10 mL 磷酸苯二钠溶液和 10 mL 相应的缓冲液（酸性磷酸酶用乙酸盐缓冲液，碱性磷酸酶用硼酸盐缓冲液），仔细摇匀。

（4）放入恒温箱，在 37 ℃下培养 3 h 后，用 38 ℃的水将瓶中内容物稀释至刻度（甲苯应浮在刻度以上），再用致密滤纸过滤。

（5）对每一土样，设置用 10 mL 代替基质的对照。

（6）比色程序。

① 取滤液 1 mL 置于 100 mL 容量瓶中，加 5 mL 相应的缓冲液，用水稀释至 25 mL，加 1 mL Gibbs 试剂。

② 将反应物仔细混合，静置 20 min，这时溶液呈现青色。

③ 用水将瓶中混合物稀释至刻度，并在 24 h 内，用 1 cm 液槽在分光光度计上于 578 nm 波长处测定颜色的深度，读取消光值。

④ 以供试样品所得消光值减去对照样品消光值的差，根据标

准曲线求出酚含量。

3. 结果计算 土壤磷酸酶活性，以每 100 g 土的苯酚含量表示。

$$土壤磷酸酶活性=(C\times V)\times 100/dwt$$

式中 C——土壤滤液中苯酚含量，μg/mL；

V——土壤溶液体积，mL；

dwt——烘干土重量，g。

五、β-葡萄糖苷酶

（一）方法原理

β-葡萄糖苷酶，在土壤碳循环中负责纤维素的降解，进一步水解纤维素二糖和纤维素寡糖生成葡萄糖。其活性用荧光底物（4-甲基伞形酮-β-D-葡萄糖苷）法测定。

（二）材料试剂

1. 供试土壤 本方法所使用土壤为从田间采样并自然风干后样品。

2. 实验仪器

（1）250 mL 广口锥形瓶。

（2）八通道移液器和枪头。

（3）黑色 96 微孔板。

（4）摇床。

（5）恒温培养箱。

（6）多功能酶标仪。

（三）实验方法

1. 试剂配制

（1）50 mmol/L 乙酸钠缓冲液。6.804 g 三水合乙酸钠溶解在 800 mL 去离子水中，用 12mol/L 盐酸调 pH，缓冲液保存于 4 ℃，8 d 内使用。

（2）荧光底物。200 μmol/L 4-甲基伞形酮-β-D-葡萄糖苷，即 1.691 mg 4-甲基伞形酮-β-D-葡萄糖苷，去离子水定容 25 mL。

（3）1mol/LNaOH 溶液。4 g 分析纯氢氧化钠溶于去离子水中，稀释至 100 mL。

2. 操作步骤

（1）称取 1 g 鲜土于 250 mL 广口锥形瓶中，加入 125 mL 50 mmol/L的乙酸钠缓冲液（pH 约 6.5），塞上瓶塞或用封口膜封住，在摇床上于 180 r/min 振荡 20 min 制备悬浮液。

（2）使用八通道移液器吸 200 μL 土壤悬浮液于黑色 96 微孔板内，每个样品孔加 50 μL 200 μmol/L 的荧光底物。

（3）同时做样品和基质控制，样品控制孔中加 200 μL 土壤悬浮液和 50 μL 乙酸钠缓冲液，基质控制孔中加入 200 μL 乙酸钠缓冲液和 50 μL 荧光底物。

（4）所有样品和空白加完后，酶标板放在 20 ℃黑暗条件下培养 4 h，之后加入 10 μL 1mol/LNaOH 溶液，终止反应。

（5）使用多功能酶标仪进行荧光测定，在 365 nm 波长处激发，在 450 nm 波长处检测荧光。

3. 结果计算

酶活性＝(净荧光值×缓冲液体积)/(激发系数×吸入悬浮液体积×反应时间×土壤重量)

净荧光值＝[(样品孔测出的荧光值－样品控制荧光值)/淬火系数]－基质控制荧光值

激发系数＝标准曲线斜率(荧光值)/反应液体积

淬火系数＝(淬火标准孔测出的荧光值－样品控制荧光值)/参考标准品测出的荧光值

六、多酚氧化酶

（一）方法原理

多酚氧化酶，在土壤碳循环中参与木质素及多酚类物质的降解，通过参与木质素降解和聚合可溶性酚从而促进腐殖质形成，能够通过分子氧化酚或多酚形成对应的醌。其活性用底物左旋多巴（L-DOPA）分光光度法测定。

（二）材料试剂

1. 供试土壤 本方法所使用土壤为从田间采样并自然风干后样品。

2. 实验仪器

（1）250 mL 广口锥形瓶。

（2）八通道移液器和枪头。

（3）白色 96 微孔板。

（4）多功能酶标仪。

（三）实验方法

1. 试剂配制

（1）50 mmol/L 乙酸钠缓冲液。6.804 g 三水合乙酸钠溶解在 800 mL 去离子水中，用 12 mol/L 盐酸调 pH，缓冲液保存于 4 ℃，8 d 内使用。

（2）底物。25 μmol/L 左旋多巴，即 0.492 9 g 左旋多巴溶于稀盐酸后用去离子水稀释至 100 mL。

2. 操作步骤

（1）称取 1 g 鲜土于 250 mL 广口锥形瓶中，加入 125 mL 50 mmol/L的乙酸钠缓冲液（pH 约 6.5），振荡 1 h 制备悬浮液。

（2）然后使用八通道移液器吸 200 μL 土壤悬浮液于 96 微孔板内，每个样品孔加 50 μL 200 μmol/L 的底物。

（3）同时做样品和基质控制，样品控制孔中加 200 μL 土壤悬浮液和 50 μL 乙酸钠缓冲液，基质控制孔中加入 200 μL 乙酸钠缓冲液和 50 μL 底物。

（4）所有样品和空白加完后，酶标板放在 20 ℃黑暗条件下培养 20 h。使用多功能酶标仪，采用分光光度法，在 450 nm 波长处测定吸光值。

3. 结果计算

酶活性=(最终吸光度×缓冲液体积)/(7.9×吸入悬浮液体积×反应时间×土壤重量)

最终吸光度=样品孔吸光值-基质控制吸光值-样品控制吸光值

第四章 土壤蚯蚓调查与分析方法

第一节　土壤蚯蚓的采集与处理

蚯蚓的丰度和分布因受食物资源的限制而呈现斑状，而且不同种类和生长阶段分布在不同的深度，在一个种群或蚯蚓群落中随季节和昼夜变化较大。这就导致很难确定试验的采样时间、采样数量、采样点和采样方法。因此，在开始一个试验之前，掌握蚯蚓基本的生活史、饲养方式和行为是很重要的。

根据蚯蚓的饲养、行为和掘穴模式（Lee，1959，1985；Bouché，1977）可以将蚯蚓分为 3 个生态族群，这种分类与根据土壤理化性质，如有机质含量、颗粒组成、含水量和温度等的分类有些重叠。①表栖类蚯蚓，生存在枯枝落叶层，主要以粗颗粒有机物为食。这个蚯蚓种类的生命周期较短，代谢和生殖速率较高。②内栖类蚯蚓，生存在整个土壤矿物层，以土壤和有机质为食，当它们在整个土壤中进行水平和垂直运动时，会留下它们筑造的临时洞穴。根据土壤状况，内栖类蚯蚓在土壤表面取食和筑穴，彻底地将土壤矿物和有机质混合，这种蚯蚓物种是“泥土工人”。③深栖类蚯蚓，如陆正蚓（*Lumbricus terrestris* L.），在土壤中形成既深又垂直的洞穴（大部分是永久的），通常有一个或者两个表面入口。它们主要以表层的枯枝落叶为食，这些枯枝落叶被拖进洞穴，或者被收集起来混合成一个小土丘围绕在洞穴的出口。这些广泛的生态分类（表栖类、内栖类和深栖类）表明需要用不同的采样方法以获得对蚯蚓更加准确的总体评估。

本章描述了野外采集蚯蚓样品最常用的方法和建议，包含在方法中的注释和提示是根据野外和实验室经验获得的，这些注释能够提高野外试验效率。此外，采样、处理、运输方法与广泛的土壤调查方向包括生态毒理学。

一、准备工作

首先根据研究目的和采样区特征确定采样时间、采样点和采样方法，再准备相应采样设备、工具及药剂，主要包括 GPS、照相机、土壤温湿度探针、铁锹、橡胶手套、塑料布、塑料瓶、驱虫剂等。

移取规定体积土壤的设备包括：①木制或者金属制成的模板，以维持采样单位大小和形状一致。构造不同大小/形状采样模板的方法已经在 WormWatch 网站中给出。②花园铲或铁铲（方形铁铲最有利于维持采样单位大小）。铁锹刀刃边缘标记 5 cm 或 10 cm 刻度是必要的。③金属取样器（用手或采样仪打入土壤）。注意：取样器在干燥、团聚体疏松或者沙性土壤中不能较好工作。④塑料项圈（深 20 cm、内径 30 cm 的 PVC 管）可以压入土壤中，并且工作一段时间，但是用数量计算时只有蚯蚓的头部或前半段可以计入。

二、样品采集与记录

（一）采样设计

在所有的采样方法中，每个采样小区内所有的样品都要分层随机取样，并且数量和大小都要充足（Southwood，1978），以获得准确的估算。对照试验的数据可以为调查不同的管理实践和蚯蚓种群密度、生物量、物种组成的因果联系提供较好的基础（Blairet al.，1996）。然而，不同的研究所需的样品数量和大小会有所不同，为了准确测定不同物种的丰度需要采集不同数量的样品。

蚯蚓种群大部分呈斑块状分布，这与植被及土壤的物理、化学和生物学性质相关，使得取样单位的数量、大小和分布难以确定。

研究表明，减小野外取样面积，数据的总变异增大（Rossiet al.，2004）。Whelan（2004）提出了在森林和农业景观领域，每公顷至少需要 40 个 1 m 的采样单位，才能对蚯蚓数量和生物量做出正确的评估。

（二）样点选取

选取代表性样地布点，为获得准确估算，保证样地（100 m×100 m 或 50 m×200 m）覆盖调查区典型地貌类型和农业利用方式，尽量避免在多种土类、多种母质母岩交错分布、面积较小的边远地区设点，每个样地按照对角线法随机选取 5 个样点，注意不在表土被破坏处或沟渠、道路、堆肥点附近等失去代表性的地点取样。

（三）样品采集

野外采样方法主要分为：物理方法（手拣）、行为方法（化学驱虫剂提取、热提取、电流提取、机械振动）和间接方法（捕获和引诱、计数粪堆和脱落物、标志和重捕、声估计）（李保国等，2022），可以根据研究目的和采样环境选择其中一种或几种方法联合，本书主要介绍最常用的采样方法和步骤。

1. 手拣　手拣是样品采集中最常用的方法。这种方法虽然对土壤扰动大、费力，但它能应用于所有土壤类型。在农业领域，Dickey 和 KIadivko（1989）发现最高效的蚯蚓采样单元的大小/形状是沿着作物行 10 cm 横跨作物行 45 cm（也就是 10 cm×45 cm）。然而对于蚯蚓茧来说，最高效的采样大小/形状是 30 cm×30 cm 的方形。考虑土壤取样层来确定合适的深度。在开始采样前，需进行初步试验，确定采样面积、形状和物种多样性。Clapperton（1999）在一项研究中发现，大部分蚯蚓茧集中在 20 cm 深度。

具体方法是用铲子、岩心取样器或项圈取一定体积的土壤，手拣采集土壤中的蚯蚓。采样效率因样品大小和采样单元形状而异。样品采集时在每个样地按对角线法随机选取 5 个取样点，清理表层枯枝落叶、石块等异物后，分别挖掘一定面积（50 cm×50 cm）和深度（20 cm）的样方，将土壤平铺于地面的塑料布上，戴橡胶手套手动采集肉眼可见的所有蚯蚓个体并计数，在计数时以蚯蚓头部数量为准。将蚯蚓装于做好标记的塑料瓶中，同时放入 1/5～1/4 容积的土壤以避免蚯蚓死亡或失活。最后将塑料布剩余土壤回填至样方内，平整土地。

2. 化学驱虫剂提取 化学驱虫剂（如热芥末、甲醛）可以刺激蚯蚓向土壤表层移动，从而易于收集和研究。此方法优点是破坏性小且高效，是在保持野外采样点完整性的前提下采集深栖类蚯蚓最高效的方法，可以和手拣法结合，在采集完表栖类蚯蚓的样方中倒入化学驱虫剂，驱逐并提取深栖类蚯蚓；缺点是驱虫剂具有一定危险性和毒性，且并不适用所有土壤类型，所有限制驱虫剂在土壤中迁移分散的因素均会影响该方法的效率，例如在土壤渗透压达到饱和或接近饱和时采集蚯蚓，驱虫剂不能渗透到土壤中，而是封存在土壤表面，在干旱土壤中也不能渗入土壤或者会消失在土壤大裂缝中。

3. 电流提取 此方法应用相对前两种较少，但当土壤条件受到限制，例如土壤水分含量较低时，电流提取方法可以替代化学驱虫剂，与手检法结合采集蚯蚓样品。

（四）记录与注意事项

拍摄样地全景图和每个采样点照片，并记录标本号、地名、采集日期、采集人、海拔、经纬度、气温、天气、植被情况、土壤情况、蚯蚓个体数等信息。

注意采样时间应避开降雨、长时间干旱或高温等时间节点，最好在地表作物生长旺盛期或收获后不久未翻耕时进行，建议在一天中选择 11 时之前或者 14 时之后采样。

三、样品运输与处理

保证样本完整性对分类和分子遗传学研究至关重要。在某些情况下，需要进行蚯蚓解剖，并且利用分子遗传学手段分解标本，从而进行更深层次的比较。

（一）样品转移（从野外到实验室）

野外采集的活体蚯蚓及潮湿土壤置于塑料瓶内带回实验室，注意全程在 4～8 ℃温度下。

(二) 样品处理

蚯蚓转移至实验室后于采集当天用纯净水或自来水清洗干净，吸水纸吸干后称鲜重，之后进行脱水固定和保存，具体如下：

(1) 接下来用于分类的蚯蚓需要先用 15%～20%的乙醇麻醉约 15 min，或直到轻轻触碰它们没有反应时，用软刷轻柔地按摩蚯蚓使之伸直。

(2) 在通风橱中，将蚯蚓转移到装有 4%甲醛的平底盘中，用浸透甲醛的纸巾覆盖，定期更换污染的乙醇，并且存储在阴凉处，直到可以处理蚯蚓。保存使之过夜或 2～3 h（在通风橱中）。注意：如果不能立刻保存，将蚯蚓转移到 70%酒精中，定期更换。

(3) 处理蚯蚓以后，长时间存储在装有 90%酒精的广口玻璃瓶中，配有聚四氟乙烯螺旋盖。酒精变黄时应及时更换。容器内部和外部都需有铅笔标记的标签。将处理好的蚯蚓放在避光、凉爽的地方。

(4) 处理蚯蚓作为参考标本。用于数量或生物量评估和分子遗传学研究采集的蚯蚓要保存在 70%的酒精中。但用于鉴定和长期保存的代表性物种要特别处理和保存，这样它们就不会腐烂或易碎。

第二节　蚯蚓生物量、组成和多样性

一、蚯蚓生物量

蚯蚓生物量（如重量）经常和蚯蚓数量一起记录。蚯蚓的生物量比数量更能准确地表示特定的土壤功能水平。无论是以蚯蚓数量还是以生物量来判断蚯蚓群落的大小，土壤中蚯蚓量对土壤性质和作物生产的影响结论都是不同的（Baker et al.，1999）。

蚯蚓生物量以单位面积蚯蚓的鲜重表示（g/m^2），将带回实验室的蚯蚓清洗、擦干，称取鲜重。

使蚯蚓肠道物质对生物量评估无影响的步骤：

（1）在野外或培养箱采集蚯蚓，放到渗透水的滤纸或湿纸巾上，在塑料培养皿上（用胶带或橡皮筋绑牢，防止蚯蚓逃出）或在密封罐中放置 24 h，在这段时间蚯蚓肠道内的大多数物质都可以被排出。

（2）蚯蚓应该保存在合适的温度下（如 15 ℃对于大多数的正蚓科是合适的）。在用毛巾擦干和称重之前，应该用水轻轻冲洗蚯蚓（让它们在装水的广口瓶中“游”一会儿也是出于这个目的）。60 ℃干燥 24 h 后测量蚯蚓组织干重。可以采用不同大小的马鬃或柔软的猪鬃刷子清除蚯蚓体表多余的土壤，用它们处理蚯蚓会比镊子更加温和。注意：该步骤在包含增长测量的试验开始和结束时都要随时进行。

二、蚯蚓形态学分类鉴定

蚯蚓是环节动物门（Annelida）寡毛纲（Oligochaeta）动物的统称。

（一）背景

蚯蚓分类学的研究和其他生物学研究一样十分悠久。但是，早期的研究仅仅限于局部地区，且交流起来十分困难。因此，动物命名法的起点，也是动物分类学的起点。

科学的蚯蚓分类学研究，要追溯到 18 世纪中叶。1758 年 1 月 1 日，林奈《自然系统》第 10 版的出版，拉开了世界动物分类学研究的序幕。

林奈在《自然系统》第 10 版第 647 页中，以陆栖（terrestrial）蚯蚓（lumbricus）命名了广泛分布在欧洲的正蚓（*Lumbricus terrestrial*），自此开始了蚯蚓的科学分类学研究。此后，林奈将所发现的蚯蚓全部归入了正蚓属（*Lumbricus*）。这种状况一直延续到 1826 年，Savigny 描述了陆栖蚯蚓的第二个属——肠道蚓属（*Enterion*）。1844 年，Templeton 建立了巨蚓科（Megascolecidae）。1876 年，正蚓科（Lumbricidae）建立。

（二）我国主要陆栖蚯蚓分类

我国陆栖蚯蚓分类学的研究晚于世界研究约120年。

1872年，Perrier将采自福建的大型蚯蚓命名为参状环毛蚓（*Perichaeta aspergillum* Perrier，1872）。

13年后，Örley（1885）报道了产于甘肃的暗灰异唇蚓（*Allolobophosa caligonosa* trapezoids Duge，1828）。此后，Beddard、Michaelsen、Goto和Hatai等分别报道和描述了产自天津、香港、台湾、福建等局部地区的15种蚯蚓，其中仅有6种是依据我国样本的新种。

1928年，Michaelsen描述了产于河北宣化的直隶环毛蚓（*Pheretima tschiliensis* Michaelsen，1928）。

在1900—1928年的29年中，研究的论文虽然并不多，但和此前的28年相比，报道的蚯蚓种类却增加了8个新种。

在1928—1985年的57年中，我国仅记录有陆栖蚯蚓5科7属29种（亚种）（表4-1），分布范围仅限于福建、甘肃、山东、北京、香港、澳门、天津、湖北、台湾、西藏、云南、江苏和河北等局部地区。

表4-1 我国陆栖蚯蚓名录

［1928年，5科7属29种（亚种）］

链胃蚓科 Moniligastridae
杜拉蚓属 *Drawida*
西门杜拉蚓 *Drawida japonica* siemsseni Michaelsen，1910
巨蚓科 Megascolecidae
巨蚓属 *Megascolex*
莫氏巨蚓 *Megascolex mauritii* Kinberg，1866
远盲蚓属 *Amynthas*
参状远盲蚓 *Amynthas aspergillum* Perrier，1872
多肉远盲蚓 *Amynthas carnosus* Goto et Hatai，1899
老桥远盲蚓 *Amynthas choeinus* Michaelsen，1927

（续）

云南远盲蚓 *Amynthas divergens yunnanensis* Stephenson，1912
戴尔远盲蚓 *Amynthas dyeri* Beddard，1892
香港远盲蚓 *Amynthas hongkongensis* Michaelsen，1910
湖北远盲蚓 *Amynthas hupeiensis* Michaelsen，1895
海岛远盲蚓 *Amynthas insulae* Beddard，1895
夏威远盲蚓 *Amynthas hawayana* Rosa，1891
毛利远盲蚓 *Amynthas morrisi* Beddard，1892
平静远盲蚓 *Amynthas modewsta* Michaelsen，1927
秉氏远盲蚓 *Amynthas pingi* Stephenson，1925
罗德远盲蚓 *Amynthas rodericensis* Grube，1879
鹰取远盲蚓 *Amynthas takatorii* Goto et Hatai，1898
腔蚓属 *Metaphire*
亚洲腔蚓 *Metaphire asiatica* Michaelsen，1900
布氏腔蚓 *Metaphire broumi* Stephenson，1912
好望角腔蚓 *Metaphire capensis* Horst，1883
威廉腔蚓 *Metaphire guillemi* Michaelsen，1895
西方腔蚓 *Metaphire hesperidum* Beddard，1892
霍氏腔蚓 *Metaphire houlleti* Perrier，1872
巨蚓科 *Megascolecidea*
巨茎腔蚓 *Metaphire posthuma* Vaillant，1868
四旬腔蚓 *Metaphire quadragenaria* Perrier，1872
舒脉腔蚓 *Metaphire schmardae* Horst，1883
直隶腔蚓 *Metaphire tschiliensis* Michaelsen，1928
寒宪蚓科 Ocnerodrilidae
寒宪蚓属 *Ocnerodrilus*
西土寒宪蚓 *Ocnerodrilus occidentalis* Eisen，1878
舌文蚓科 Glossoscolecidae
岸蚓属 *Pontoscolex*

（续）

南美岸蚓 *Pontoscolex corethrurus* Muller，1890
正蚓科 Lumbricidae
异唇蚓属 *Allolobophora*
暗灰异唇蚓 *Allolobophora caligonosa trapezoids*（Duge，1828）

注：此表采用当前分类。

1930 年，陈义发表了对南京地区蚯蚓调查的论文，描述了 3 个新种：通俗环毛蚓（*Pheretima vulgaris* Chen，1930）、江苏环毛蚓（*Pheretima kiangsuensis* Chen，1930）、暗孔环毛蚓（*Pheretima obscuritoporus* Chen，1930）和 1 个新亚种：田野环毛蚓（*Pheretima vulgaris agricola* Chen，1930）。随后近 20 年中，陈义先后对四川、香港、厦门、海南以及长江中下游地区进行了大规模调查，记述了 157 种蚯蚓，其中自述的新种 88 个，几乎遍布我国南方大部分省份。

大部分蚯蚓都可以用放大镜或双目望远镜根据外部特征来鉴定，而不用解剖。但用这种方式只能准确鉴定成年蚯蚓（有一个生殖带）。

目前已有很多关于蚯蚓分类的参考资料，包括 Sims 和 Gerard（1985）、Schwert（1990）、Reynolds（1977）、LjungstrÖm（1970）以及因特网资源（Wormwatch，2002）。

研究较多的陆栖蚯蚓属后孔寡毛目（Opisthopora），目前我国已记录有 9 科 28 属 306 种（黄健等，2006）。蚯蚓的形态学分类与鉴定主要依据蚯蚓以下特征：体形（body shape）、刚毛（setae）、背孔（dorsal pore）、环带（clitellum）、雄孔（male pore）、雌孔（female pore）、受精囊孔（spermathecal pore）、乳突（papillae）、隔膜（setpa）、腔囊（coelomoc sacs）、砂囊（gizzard）、食道囊（oesophageal pouches）、钙腺（calciferous gland）、肠（instestine）、盲肠（caeca）、心脏（later hearts）、精巢（testes）、储精囊（seminal vesicle）、受精囊（spermathecae）和肾管（nephridia）。在立体显微镜下观察蚯蚓标本，描述外部特征（体色、

体长、体宽、体节数、刚毛数、环带、第1背孔位置、雄孔和受精囊孔、口前叶）和内部结构（砂囊、受精囊、精巢、储精囊、心脏、前列腺、盲肠），并与已知相似物种对比。鉴定方法主要依据《中国陆栖蚯蚓》（徐芹等，2011）、《中国动物图谱——环节动物》（陈义，1959）和《中国土壤动物检索图鉴》（尹文英，1998）。

（三）我国陆地主要蚯蚓形态鉴别图谱

截至2010年，分布在我国陆地上的陆栖蚯蚓，有记录的共有9科31属314种14亚种。本书就广泛分布在我国的巨蚓科（Megascolecidae）属种做了代表性的详尽描述，对于其他单向蚓科（Haplotaxidae）、链胃蚓科（Moniligastridae）、寒宪蚓科（Ocnerodrilidae）、棘蚓科（Acanthodrilidae）、八毛蚓科（Octochaetidae）、舌文蚓科（Glossoscolecidae）、微毛蚓科（Microchaetidae）、正蚓科（Lumbricidae Claus）等做了科级别的简要描述。

1. 单向蚓科（Haplotaxidae）　模式属：单向蚓属（*Haplaxcis* Hoffmeister，1843）。

刚毛单生，或紧密对生，S形或远端钩状，有时背面比腹面少，后部有时缺失，或甚至全缺。一些种类具交配毛。一些种类的体壁纵肌最厚部分具密生角质层。环带为单层细胞，生殖孔主要在环带上。雄孔2对，位于Ⅺ和Ⅻ节，或Ⅹ和Ⅺ节；或1对，位于Ⅺ节，着生在腹侧或体两侧，很小，在外部常看不到。雌孔1或2对，位12/13、12/13和13/14节间，或11/12和12/13节间。受精囊孔3～4对，位于生殖腺区前，常位5/6/7/8/9节间侧刚毛线或背刚毛线上。肾孔位腹刚毛附近。

大肾管自生殖腺体前体节直至顶端。咽可外翻，或具砂囊。精巢位Ⅹ和Ⅺ节，或Ⅺ和Ⅹ节。卵巢位Ⅻ和ⅩⅢ节，或Ⅺ和Ⅻ节。受精囊3～4对，位生殖腺区前，简单，无盲管。精管膨腔或前列腺缺失。

分布：全球。

单向蚓属（*Haploaxis* Hoffmeister，1843）。模式种：铁线正蚓（*Lumbricus gordioides* Hartmann，1821）。

每体节背腹刚毛，不是处处大小相等。雄孔2对，位Ⅺ和Ⅻ节，或1对，位Ⅺ节。雌孔2对，位12/13和13/14节间沟上；或1对，位12/13节间。

食管具腺砂囊或肌砂囊。精巢2对，位Ⅹ和Ⅺ节；或1对，位Ⅹ节。输精管短。卵巢与输卵管漏斗2对，位Ⅻ和ⅩⅢ节，偶位ⅩⅤ和ⅩⅣ节；或1对，位Ⅻ节。受精囊2～4对。

分布：全球。

2. 链胃蚓科（Moniligastridae）　模式属：不明。

刚毛单尖，S形，每体节4对。环带为1厚层细胞。雄孔1对或2对，位Ⅹ节，或10/11/12或12/13节间。雌孔1对，位11/12节间，或ⅩⅢ或ⅩⅣ节。受精囊孔1或2对，位7/8或8/9、7/8/9节间。

精巢与精漏斗各1或2对，包裹在1或2对悬挂在隔膜上的精巢囊内。输精管与前列腺共同开口，或单独在体表开口。卵巢1对，具1对由卵巢伸出又返回的输卵管。受精囊1或2对，具长管。砂囊多个，位精巢体节前或精巢所在体节，或位肠始端。

分布：缅甸、苏门答腊岛、加里曼丹岛、中国。

(1) 合胃蚓属（*Desmogaster* Rosa，1890）。模式种：囊袋合胃蚓（*Desmogaster doriae* Rosa，1890）。

体长。刚毛对生，常不易见到。每体节具3～7个体环。环带不显，位Ⅹ～ⅩⅤ节。雄孔2对，位11/12和12/13节间，孔周多腺肿。雌孔1对，位ⅩⅣ节第1体环。受精囊孔2对，位7/8/9节间。

砂囊3个，相连。受精囊无盲管。

分布：印度南部、斯里兰卡、缅甸、马来群岛、菲律宾、日本、加罗林群岛、中国。

(2) 杜拉蚓属（*Drawida* Michaelsen，1900）。模式种：巴韦尔链胃蚓（*Moniligaster barvwelli* Beddard，1886）。

体中等大，或小。刚毛对生。环带位Ⅹ、Ⅹ～ⅩⅫ、ⅩⅣ节，常见位Ⅹ～ⅩⅫ节，时有不显。雄孔1对，位Ⅹ节或10/11节间。雌孔1对，位11/12节间或之后。受精囊孔1对，位7/8节间。

砂囊2～4个，位Ⅺ、Ⅻ、ⅩⅢ或ⅩⅣ节。心脏位Ⅵ～Ⅸ节。精巢囊位9/10节间隔膜上。卵巢自Ⅺ节向后长出。

分布：印度南部、斯里兰卡、缅甸、加罗林群岛、巽他群岛、菲律宾、日本、中国、巴哈马群岛有广布种。

3. 巨蚓科（Megascolecidae）　模式属：巨蚓属（*Megascolex*）。

刚毛单尖，S形，排列方式为对生或环生任一种。环带自ⅩⅤ节前或ⅩⅤ节上始。雄孔1对，一般位Ⅴ或ⅩⅧ节中任一节，极少位ⅩⅨ节。雌孔成对，或单个，中。

精巢2对，位Ⅹ和Ⅺ节，或1对，位Ⅹ或Ⅺ节。前列腺1个或1对，极少种类缺失。卵巢1对，位ⅩⅢ节。一般具一个砂囊。

分布：广泛分布于南半球和北半球，如亚洲北部、欧洲北部。

（1）远盲蚓属（*Amynthas* Kinberg，1867）。模式种：蓝绿远盲蚓（*Amynthas aeruginosus* Kinberg，1867）。

体大小不一。刚毛环生，每体节多。环带位ⅩⅣ～ⅩⅥ节，偶罕见位ⅩⅢ～ⅩⅦ节，环状。雄孔1对，位ⅩⅧ节体表面，偶见位ⅩⅨ节，无交配腔。雌孔1个，偶2个，位双ⅩⅣ节。受精囊孔小或大，一般成对，偶见1个或缺失，位4/5/6/7/8/9节间。

砂囊位7/8和8/9节间隔膜之间。无食道囊。盲肠始于ⅩⅩⅦ节或附近体节。精巢位Ⅹ与Ⅺ节，或Ⅺ节。卵巢成对，位ⅩⅢ节。受精囊一般成对，偶见1个或缺失，受精囊管上偶有肾管层。

分布：东洋区、大洋洲区。

选取了10个代表性种介绍如下：

① 嗜酸远盲蚓（*Amynthas acididophilus* Chen，1946）。

体中等大小，体长60 mm，宽1.8～3.0 mm，体节数100～118。口前叶1/2上叶式，宽与Ⅱ节等长。背孔自11/12或12/13节间始。环带位ⅩⅣ～ⅩⅥ节，不显，无刚毛，无节间沟；环带后体节略短（环带前的 3 节长度等于环带后 4 或 5 节）。刚毛细小，均匀分布，腹面略密，aa＝1.1ab，zz＝1.1～1.5zy，刚毛数：16～26（Ⅲ），27～33（Ⅵ），29～36（Ⅸ），34 左右（ⅩⅩⅤ）；17～24（Ⅵ）、19～24（Ⅶ）、16～26（Ⅷ）在受精囊孔间，6 在雄孔间。雄孔位ⅩⅧ节腹面，孔间距约占 1/3 节周，孔在一大卵圆形乳突中部，突周具半月形皮褶。受精囊孔 2 对，位 6/7/8 节间，约占 6/11 节周，孔周无生殖标记，或Ⅷ节腹面偶有乳突。

隔膜 8/9、9/10 缺，其余薄且膜状，10/11～12/13 薄；由于储精囊压力，13/14 和 14/15 明显变厚但不具肌肉质。肾管在隔膜 5/6 前面丛生，6/7 厚。砂囊位Ⅸ和Ⅹ节，圆形，光滑但表面不亮，前端平头状肿胀。肠自ⅩⅦ节始扩大，盲肠简单，短，前伸达场节。Ⅸ节心脏小，Ⅹ节缺。精巢囊中等大，在Ⅹ节窄连接且联通，Ⅺ节宽连接且交通。储精囊颇发达，背叶分成许多小叶，占 1/2Ⅹ～ⅩⅣ节。受精囊坛大，心形，管中等长；盲管长约为主体 1/2，纳精囊卵圆形。此区无副性腺。前列腺发达，管 S 形弯曲，中部粗，约 0.5 mm，外端卷曲。副性腺小而无柄（图 4－1）。

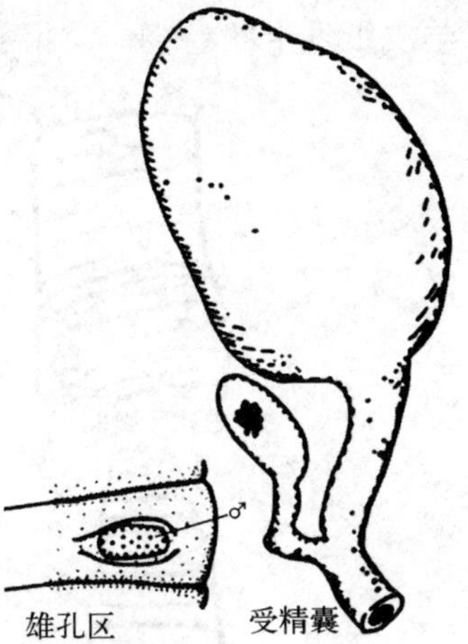

图 4－1　嗜酸远盲蚓
（引自陈义）

体色：体中部和后部浅灰红色，前背部浅红紫色，前腹面浅紫红色，腹面苍白色。环带深紫红色。

分布：中国重庆（金佛山）。

② 艾辽远盲蚓（*Amynthas ailiaoensis*）（James et al.，2005）。

体长 215～310 mm，宽 9～12.5 mm（Ⅹ节）、9～10 mm（ⅩⅩⅩ节）、8～12 mm（环带）。体节数 110～140。口前叶上叶式。背孔自 12/13 节间始。环带位ⅩⅣ～ⅩⅥ节；无刚毛。雄孔位ⅩⅦ节腹面，孔间距约占 1/4 节周，孔在体壁浅圆形凹入内，各具 1 纵向伸长、横向 1/2 被遮盖的生殖标记。受精囊孔 4 对，位 5/6/7/8/9 节间腹中至第Ⅵ节腹中侧。雌孔单，位ⅩⅣ节。

隔膜 5/6/7/8 肌肉质，8/9/10 缺，10/11～13/14 肌肉质；砂囊位Ⅵ节。肠自 1/2ⅩⅤ节始扩大。盲肠简单，边缘平滑，位ⅩⅩⅦ～ⅩⅫ节。心脏位Ⅹ～ⅩⅢ节。Ⅹ节精巢、精漏斗腹面与囊连接。储精囊大，位Ⅺ节，具大背叶；Ⅺ节储精囊的其他部分有时包裹在薄囊内。前列腺位ⅩⅦ节，大，具 7 主叶，每叶具 2～3 条自前列腺管内端扇形散开的小管；前列腺管粗壮、肌肉质，向体壁变窄。输精管连接管和腺体部连接；输精管非肌肉质。卵巢位Ⅶ节。受精囊 4 对，位Ⅵ～Ⅸ节；坛梨形，管比坛短，盲管具小卵圆形腔，柄细，以羊皮纸发卡状卷绕。受精囊管无肾管（图 4-2）。

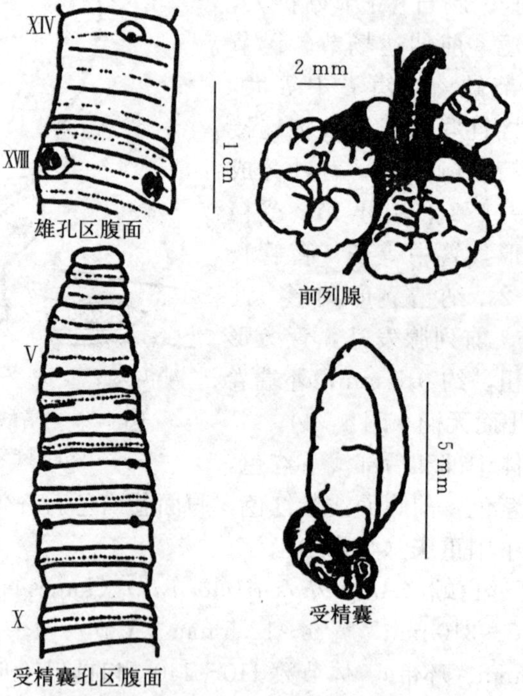

图 4-2　艾辽远盲蚓

（引自陈义）

体色：背部1/3具褐色色素，深浅多变。

分布：中国台湾（屏东）。

③ 前定远盲蚓（*Amynthasantefixus* Gates，1935）。

体长80～132 mm，宽3.2～5.2 mm。体节数88～112。口前叶4/5上叶式。背孔自12/13节间始。环带位XIV～XVI节，显，腹面具刚毛。刚毛明显，III～X（特别是V～VIII）节粗，壮且间隔更宽；背、腹略间断；aa＝1.2ab，zz＝1.5～3.0yz；刚毛数：15～20（III）、19～23（VI）、20～24（VIII）、27～35（XII）、32～40（XXV）；10～12（VIII）在受精囊孔间，8～12在雄孔间。雄孔位XVIII节腹侧边缘，孔在被5～8个同心脊围绕的小突上，两侧刚毛线间断；环脊中侧缘附近具1小乳突。受精囊孔1对，位8/9节间，外表上更靠近腹中线，或紧靠VIII节后缘，孔在节间1圆形瘤状突上，孔附近皮肤隆起，具纵褶。III～V节腹中线刚毛圈前具乳突，明显，圆，中等大小。

隔膜8/9、9/10缺，5/6～7/8厚；肾管束厚，位5/6与6/7节间前面。淋巴腺对沿背管延伸至IV节之后。砂囊与夏威远盲蚓（*Amynthas hawayana*）相同。肠自X节始扩大，盲肠简单，位XXVII～XXV节，腹面具浅锯状脊。储精囊很大，前背侧具背叶，与夏威远盲蚓同。精巢囊中腹部相通。前列腺大，位XVII～XXV节，叶粗，其管内2/3比外粗2倍，长度相当。副性腺各与1柄状乳突相连。受精囊坛长，囊状，长约4 mm、宽1.5 mm，与短管明显不同；盲管若存在，与主囊约等长，具内端扩张，或内端双重曲折（图4－3）。

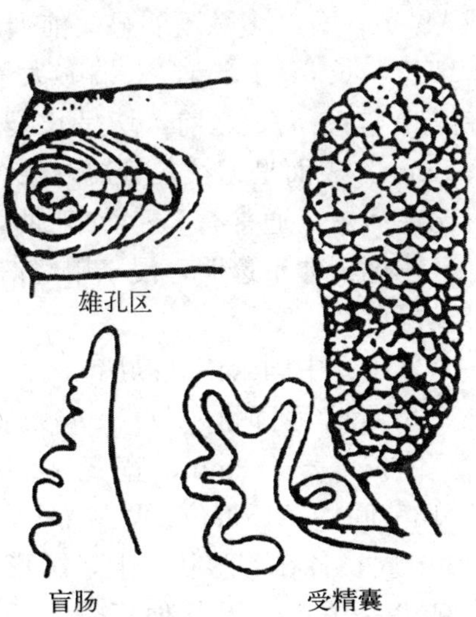

图4－3　前定远盲蚓（引自陈义）

体色：身体灰白，环带淡褐色。

分布：中国湖北（利川、潜江）、重庆（北碚、涪陵、沙坪坝）、四川（成都、宜宾）。

④ 嗜沙远盲蚓（*Amynthas areniphilus* Chen，1975）。

体长 111～158 mm，宽 5～7 mm。体节数 145～158。口前叶前叶式。背孔自 12/13 节间始。环带位 XIV～XVI 节，环状，无刚毛。雄孔位 XVIII 节腹面两侧圆形腺垫上，垫直径约 1.5 mm，分界不明显，中央有一短阴茎；孔间距约占 1/4 节周。受精囊孔 3 对，位 5/6/7/8 节间，针眼状或短横裂状，位 V～VII 节的后缘，约占 1/4 节周。

隔膜 9/10 缺，4/5～7/8 很厚，8/9 较厚，自 10/11 起薄膜状。砂囊桶状或长球状，位隔膜 8/9 之前，但在 IX、X 节。肠自 XV 节始扩大；盲肠细而长，长约 7 mm，简单，末端尖，全部或后半部无内容物。IX 节血管环不对称，X 节对称，末对心脏位 XIII 节。精巢囊 2 对，前对左右或不对称，发达，有窄连接交通，后对连成一横条，不易分界，不包含前端储精囊。后对储精囊较发达，挤入 XIII 或 XIV 节；背叶多数不明显。前列腺呈粗叶状，位 XVI～XIX 节，其管细长，长 3～4 mm，末端膨大呈 U 形弯曲；无副性腺。受精囊在隔膜 5/6～7/8 之前，坛呈长袋状，长 1.5～2.0 mm，宽 1.0～1.2 mm，表面呈缢纹；管短，长约 0.5 mm，与坛分界不明显；盲管比主体短，通常有 3～4 个弯曲，少数直，其管极短（图 4-4）。

体色：体不透明，浸于甲醛溶液中，背部灰褐色或青灰色，环带浅褐色。

分布：中国云南（勐腊）。

⑤ 无囊远盲蚓（*Amynthas asacceus* Chen，1938）。

体长 35～60 mm，宽 2～2.5 mm。体节数 69～90。背孔自 12/13节间始。环带位 XIV～XVI 节，无刚毛。雄孔位 XVIII 节，约占 1/3 节周，各在一腺状片上，圆形，色暗，扩展至相邻体节；雄孔位腺状片中央，无其他标志。受精囊孔缺失，此区无其他生殖标志。

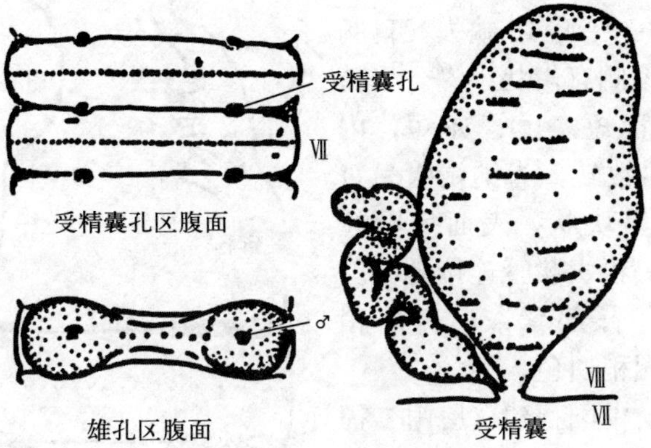

图 4-4 嗜沙远盲蚓
（引自陈义）

隔膜 8/9、9/10 缺，6/7、7/8 厚，5/6 薄，10/11 及 11/12 等厚；5/6～7/8 前面的绒毛状肾管厚；小肾管明显，隔膜肾管大。砂囊粗大，延伸至Ⅹ和 1/2 Ⅺ节；肠自ⅩⅥ节始扩大，盲肠简单，圆锥形，位ⅩⅩⅦ～ⅩⅩⅤ节。首对心脏位Ⅹ节。精巢囊小，位Ⅹ及Ⅺ节，间隔宽。储精囊小，带状，延伸至隔膜 10/11 与 11/12 后面，各具一相当大的背叶。前列腺较发达，位ⅩⅥ～ⅩⅫ节，叶大；其管长，盘绕。无明显的副性腺，绒毛状结构比肾管略厚，绕在前列腺管基部。卵巢与输卵管漏斗常态，无受精囊。

体色：一般苍白，环带微红。

分布：中国台湾、海南、四川（乐山、峨眉山）。

⑥ 参状远盲蚓（*Amynthas aspergillum* Perrier，1872）。

体长 115～416 mm，宽 6～12 mm。体节数 109～153。背孔自 11/12 节间始。环带位ⅩⅣ～ⅩⅥ节，环状，无背孔，无刚毛。雄孔位节腹刚毛圈一小突上，外缘有数层环绕的浅皮褶，内侧刚毛圈隆起，前后两边有横排（一排或二排）小乳突，每边 10～20 个不等。受精囊孔 2 对，位 7/8/9 节间一椭圆形突起上，约占 5/11 节周。孔的腹侧有横排（一排或二排）乳突，约 10 个；距离孔远处无此类乳突（图 4－5）。

隔膜 8/9、9/10 缺失。盲肠简单，或腹侧有齿状小囊。受精囊袋形，管短，盲管亦短，内 2/3 微弯曲数转，为纳精囊。每个副性腺呈块状，表面呈颗粒状，各由一粗索状管连接乳突。

体色：背部紫灰，后部稍浅，刚毛圈稍白色。

分布：中国福建（厦门、福州）、台湾（台北、屏东）、广东（东莞）、香港（九龙）、澳门、海南（万宁）、广西。

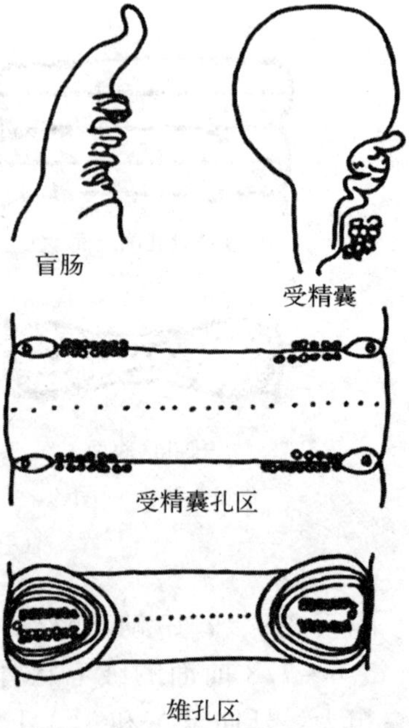

图 4－5　参状远盲蚓

⑦ 腋芽远盲蚓（*Amynthas axillis* Chen，1946）。

体长 45 mm，宽 2.8 m。体节数 80。口前叶 1/3 上叶式。背孔自 11/12 节间始。Ⅶ～Ⅷ节每节具 3 个体环。环带完整，光滑。刚毛细，aa＝1.2ab，zz＝1.2～1.5yz；刚毛数：34（Ⅲ），36（Ⅵ），40（Ⅸ），40（ⅩⅩⅤ）；20（Ⅶ）在受精囊孔间，12 在雄孔间。雄孔位ⅩⅧ节腹面，约占 1/3 节周，每孔位一隆起的圆锥形乳突上；生殖乳突多，瘤突状，位ⅩⅦ～ⅩⅩ节，右侧 10 个，左侧 8 个。受精囊孔 2 对，位 6/7/8 节间腹面，约占 1/3 节周，此区无生殖乳突。

隔膜 8/9、9/10 缺失，余者均薄。砂囊圆头状，位Ⅸ和Ⅹ节。肠自ⅩⅤ节始扩大；盲肠简单，前伸至ⅩⅩⅢ节。储精囊位Ⅺ和Ⅻ节，部分位ⅩⅢ节，分成若干叶。精巢囊分别位Ⅹ与Ⅺ节。前列腺完全缺失，管可见。副性腺极小，具球形腺部与长管。受精囊 2 对，位Ⅶ、Ⅷ节，极小；坛枣形，具一长管；盲管只在外端 1/5 处见一芽状构造（图 4－6）。

体色：腹面灰白，前背面淡红色，后背面淡灰红色，背中线淡红，环带棕黄褐色。

分布：中国重庆（南川）、四川（乐山）。

⑧ 巴尔远盲蚓（*Amynthas balteolatus* Gates，1932）。

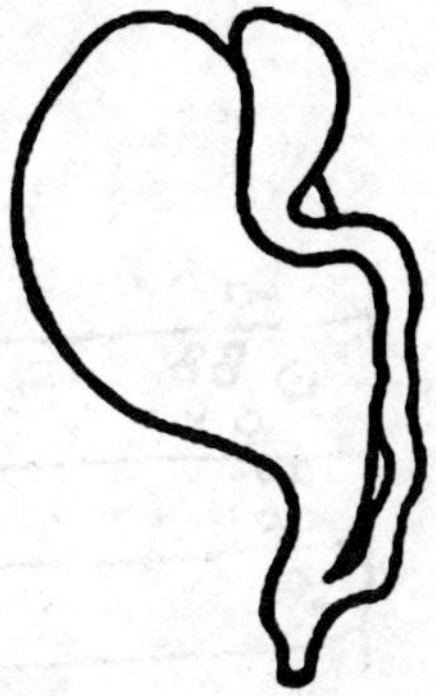

图 4-6　腋芽远盲蚓

（引自陈义）

体长 60～89 mm，宽 3 mm。体节数 110。背孔自 12/13 节间始。环带位 XIV～XVI 节，环状，无刚毛，无背孔，无节间沟，环带后缘界线模糊。雄孔 1 对，位 XVIII 节腹面，孔在一横卵圆形隆肿区的侧缘，隆肿前后延伸达 17/18 和 18/19 节间，界线不显，二隆肿区腹面距离较窄。雌孔单，小，位 XIV 节。受精囊孔 3 对，位 5/6/7/8 节间腹面，孔小。

隔膜 8/9 和 9/10 缺失，5/6～7/8 和 10/11 具肌肉，11/12～12/13 略厚，半透明状。肠自 XV 节始扩大，盲肠简单，位 XXVII～XXII 节。V 和 VI 节具肾管团。末对心脏位 XIII 节。精巢囊中等大小，2 个，不成对。储精囊大，位 XI 和 XII 节，包裹背血管，后对囊后推隔膜 12/13 与 13/14 相靠。前列腺位 XVII～XX 节，管细长，环状，长 2～2.5 mm。受精囊坛长囊状，管细长且较坛短；盲管被极细的结缔组织紧缚于坛与坛管的侧缘或中部，盲管末端略膨大，并于坛管前端通入（图 4-7）。

体色：无色素，环带浅黄色。

分布：中国云南（澜沧）。

⑨ 洁美远盲蚓（*Amynthas bellatulus* Gates，1932）。

体长 37～72 mm，宽 2～3.5 mm。背孔自 11/12 节间始。环带位 XIV～XVI 节，环状，无刚毛，无背孔，无节间沟。雄孔 1 对，位 XVIII 节腹面的大横凸上，横凸横向长，XVIII 节上略圆端，前后延伸略达 XVIII 节上，17/18 和 18/19 节间沟腹面与侧面不显；横凸由一

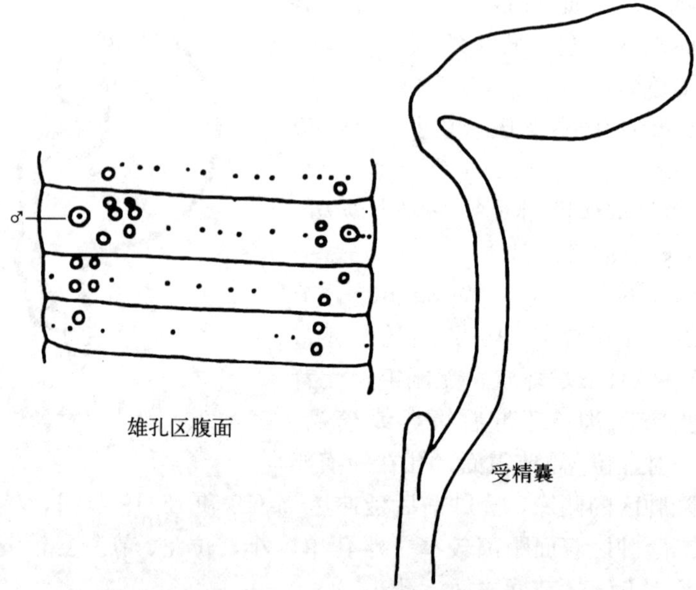

图 4-7　巴尔远盲蚓

条明显的环沟限定，具 2 个特别凸出的侧区，由一腹中带相互隔开；雄孔在凸起部的侧缘。雌孔单，位XIV节。受精囊孔 3 对，位 5/6/7/8节间腹面，孔小。

体色：体背亮浅褐色，环带浅黄褐色。

分布：中国云南（澜沧）。

⑩ 慈竹远盲蚓（*Amynthas benigmus* Chen，1946）。

体长 130 mm，宽 5 mm。体节数 100。口前叶 1/3 上叶式。背孔自 12/13 节间始。环带位XIV～XVI节，环状，无刚毛。环带前体节较XIX节后体节长 2 倍左右。刚毛易损，腹刚毛密而长；aa＝1.1～1.5ab，zz＝2.0yz；刚毛数：16（Ⅲ）、28（Ⅶ）、29（Ⅷ）、32（XVII）、35（XX）；8（XVIII）、14（XIX）在雄孔间或雄孔线间，18（Ⅵ）、17（Ⅶ）在受精囊孔间。雄孔位XVIII节腹刚毛圈上，约占 1/3 节周，每孔内侧具一大扁平乳突，外侧腺状皮延伸至邻近体节小部分。受精囊孔 2 对，位Ⅵ、Ⅶ节背面第一体环中部，为一小瘤状突；首对大小约占 1 或 2 根背刚毛位置；孔间距，前对约占 1/2 节周强，末对约占 1/2 节周弱。

隔膜 8/9、9/10 缺失，5/6～7/8 略具肌肉，10/11～13/14 厚，富肌肉。砂囊位Ⅸ节。肠自ⅩⅤ节始扩大，盲肠简单，前伸达ⅩⅫ节。储精囊位Ⅺ和Ⅻ节，背腹长约 4 mm，背叶约占 1/2。精巢囊位Ⅹ和Ⅺ节；Ⅹ节卵形，宽 2.5 mm，窄连接；Ⅺ节圆形，窄连接且交通。前列腺发达，位ⅩⅧ～ⅩⅩ节，管短。副性腺各在一大腔内，无柄。受精囊位Ⅵ和Ⅶ节，坛匙形，管与坛等长；盲管较主体短，纳精囊圆形或长卵形（图 4-8）。

体色：背部灰白，刚毛圈淡，腹面苍白，环带巧克力色。

分布：中国四川（乐山）、贵州（梵净山）。

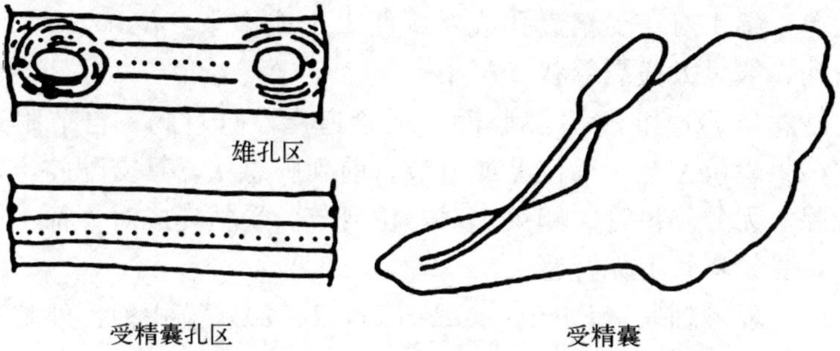

图 4-8　慈竹远盲蚓

（2）毕格蚓属（*Begemius* Easton，1982）。模式种：贾米森毕格蚓（*Begemius jiamisoni* Easton，1982）。

体大小不一。刚毛环生，每体节多。环带位ⅩⅣ～ⅩⅥ节，偶见位Ⅶ～ⅩⅦ节，环状。雄孔 1 对，位ⅩⅧ节体表面，偶见位ⅩⅨ节，无交配腔。雌孔 1 个，偶 2 个，位ⅩⅣ节。受精囊孔小或大，一般成对，偶见 1 个或缺失，位 4/5/6/7/8/9 节间。

砂囊位 7/8 和 8/9 隔膜之间。无食道囊。盲肠始于ⅩⅩⅤ节。精巢位Ⅹ与Ⅺ节，或位Ⅺ节。卵巢成对，位ⅩⅢ节。受精囊一般成对，偶见 1 个或缺失，受精囊管上偶有肾管层。

分布：大洋洲区、东洋区。

（3）炬蚓属（*Laptio* Kinberg）。模式种：莫氏炬蚓（*Laptio mauritii* Kinberg，1866）。

体中等大（分布于我国的）。刚毛环生。环带位XIV～XVII节。雄孔位XVIII节。雌孔单，位XIV节。受精囊孔3对，位6/7/8/9节间。

砂囊1个，位VI节。除有小肾管外，自XIX节后每节具1对大肾管。储精囊2对，位IX和XII节内。前列腺具分枝管。

（4）腔蚓属（*Metaphire* Sims，1972）。模式种：爪哇紫红蚓（*Rhodopis javanica* Kinberg，1867）。

体圆柱形，刚毛多，环生，每体节排列均匀。环带位XIV～XVII节，环状。雄孔1对，位XVII节，偶位XIX或XX节的交配腔内。雌孔单，稀1对。受精囊孔成对，偶1个或多个，位4/5～8/9节间；孔一般呈大横裂缝状，罕小。

砂囊位7/8和9/10隔膜间。无食道囊。具盲肠，自节附近开始。精巢囊位X节，稀位X或XI节。前列腺总状，具交配腔，常具副性腺，无分泌盲管。卵巢1对，位XII节。受精囊成对，稀1个或多个，受精囊管上无肾管。

（5）环棘蚓属（*Perionyx* Perrier，1872）。模式种：外腔环棘蚓（*Perionyx excavatus* Perrier，1872）。

刚毛众多，环带位XII～XVII节，环状。雄孔1对，位XVII节。雌孔位环带上。受精囊孔2对，位7/8/9节间。背孔自2/3～5/6节间始，常自4/5节间始。

无盲肠，无盲道。心脏位X～XX节。储精囊位XI与XI节。受精囊大，其管短且粗。卵巢扇形。

分布：缅甸、印度、斯里兰卡、马来西亚。

（6）近盲蚓属（*Pithemera* Sims，1972）。模式种：双带环毛蚓（*Perichaeta bicinda* Perrier，1875）。

体圆柱形，体小或中等，长一般在130 mm以下。刚毛多，环生。环带位XIV～XVI节。雄孔1对，直接排列在体表。雌孔单或密生对，位XIV节。受精囊孔小，3、4或5对，位4/5～8/9节间。

具砂囊，位7/8和9/10隔膜之间。无食道囊。具盲肠，自XXII节或附近始，偶自XXIV节始，侧生对或腹中生。精巢囊位X和XI节或XI节。受精囊3、4或5对，位V～IX节之间。受精囊管无肾管。

分布：所罗门群岛、新不列颠岛、斐济、萨摩亚。

（7）扁环蚓属（*Planapheretima* Michaelsen，1934）。模式种：莫尔顿环毛蚓（*Pheretima moultoni* Michaelsen，1913）。

体扁平，小到中等大，很少长于120 mm。刚毛多，集中在每体节腹面。一般直接排列在XVII节体表。受精囊孔小，偶大，呈横裂握状，1～5对，位4/5～8/9节间。

砂囊位7/8和8/9隔膜之间。无食道囊。无盲肠，若有则发育不全，位XXVII节内。精巢囊位X与XI节。前列腺葡萄状，一般无交配腔。卵巢1对，位XXVII节。受精囊成对，其管上无肾管。

分布：中国、印度尼西亚、新几内亚等。

（8）多环蚓属（*Polypheretima* Michaelsen，1934）。模式种：斯特尔环毛蚓（*Perichaeta stelleri* Michaelsen，1892）。

体圆柱形。环带环状，位XIV～XVI节，占3节。背孔自5/6～12/13节间始。刚毛环生，背腹间隔小；aa＝1～2ab，zz＝1～2yz。雄孔位XVII节腹面刚毛圈上，常位交配腔内圆形乳突上，孔突常短粗。受精囊孔成对或对组，最多可达28个，常位4/5～8/9节间或节上。生殖标记排列多变。

具食道囊，位VIII节。肠自XV或XVI节始扩大；无盲肠。前列腺葡萄状。受精囊成对排列，常位V～IX节，一般1～5对，最多可达28个；盲管简单。副性腺多具柄。

分布：本属本地种遍及除新不列颠岛、所罗门群岛、新赫布里底群岛、加罗林群岛和马里亚纳群岛以外的环毛蚓群 *Pheretima* group分布的所有区域。

4. 寒宪蚓科（Ocnerodrilidae） 刚毛对生。环带多层，受精囊孔位8/9或7/8/9节间。雄孔位XVI～XVII节。肾孔位每体节侧面一纵脊上。前肠区短，无盲肠。食管侧面的心脏位Ⅹ～Ⅺ节，末对位Ⅺ节。钙腺或上皮与膨部相连的位置在增厚的食管壁上。卵巢扇状，具多个卵带，无卵黄。储精囊葡萄状，前列腺管状。

分布：中美洲、南美洲、非洲及印度、缅甸、中国（江苏、浙江、四川、海南）。

5. 八毛蚓科（Octochaetidae） 肠自Ⅻ节后部始扩大，心脏始于Ⅺ节后。前列腺管状，始于外皮层。储精囊具横纹。受精囊具支囊。环带多层。卵巢，扇形，卵囊小，具圆形突。

分布：缅甸、澳大利亚、新西兰、美国北部太平洋沿岸、墨西哥、中非。

6. 舌文蚓科（Glossoscolecidae） 模式属：舌文蚓属（*Glossoscolex* Leuckart，1835）。

刚毛单尖，S形，常有饰纹。无背孔。环带多层细胞。雄孔位雌孔后。

分布：本种部分栖于海岸，淡水中也发现一些种。栖于陆地和海岸的种分布在：美洲（墨西哥至阿根廷）、西印度群岛、南欧，马达加斯加、非洲南部。

7. 微毛蚓科（Microchaetidae） 刚毛为8纵列，S形。无交配毛。若有生殖毛时，不是对生排列。雄孔不在环带后。储精囊柱状。

分布：马来半岛、马来群岛、非洲、哥斯达黎加、哥伦比亚、厄瓜多尔、巴西东部、马达加斯加、印度、斯里兰卡、中国。

8. 正蚓科（Lumbricidae Claus，1880） 模式属：正蚓属（*Lumbricus* L. 1758）。

刚毛单尖，S形，常有饰纹，对生排列。交配毛在前部体节和沟槽的一定区域，其末端常在凸起的乳突上。雄孔位ⅩⅤ节，或极少向前移1～4节。环带马鞍状，自雄孔后始。

无前列腺，少数种具前列腺状的腺体肉垫。若有受精囊，则简单，无盲囊。砂囊单个，极发达。肠始端食道上具钙腺。

分布：本科多为陆栖，少数栖于淡水中。主要分布于北半球的温带与寒带地区，有许多广布种遍布全世界。

第五章 土壤线虫调查与分析方法

第一节 土壤线虫的采集与处理

一、样品采集准备

(一) 采样计划

1. 熟悉土壤生物调查 App 中外业模块信息

(1) 样品编码、采样路线、样点位置、样点经纬度坐标、土地利用方式等。

(2) 考察样点的土壤类型、地形、植物群落等情况，检查样品编码、行政区划信息的准确性，输入地理坐标、全景照片、海拔、采样日期、天气状况、农药肥料施用情况等。

2. 样品编码格式 示例为：X0000111。X 为剖面点编号；0 为样点级别（0～2，0 为国家级土壤生物样点，1 为省级土壤生物样点，2 为市级土壤生物样点）；0001 为 1 号生物调查样点编号（1～9999）；1 为样品类型编号（1～3，1 为微生物，2 为线虫，3 为蚯蚓）；1 为土壤生物样品重复编号（1～3，1 为 1 号重复，2 为 2 号重复，3 为 3 号重复，7、8、9 分别为质控样重复，质控样点数按总样点数的 4%布置）。

(二) 采样工具与器材准备

(1) 原状取土钻（总长 1 m，钻头长 20 cm，直径 5 cm），螺丝刀或小型戳土刀（取出土钻内的土样）器材。

(2) 外业调查 App、样品编号打码机及打码纸、全球定位系统、数码相机、卷尺或标有刻度的测量绳、样品袋、干冰、冰袋、冷藏箱等。

（3）图件如地形图、土壤图、行政图等，试剂如纯水、酒精（95%以上）等。

（4）文具如采样记录本、铅笔、记号笔、资料夹等，防护用品如工作服、工作鞋、安全帽、药品箱等。

注意事项：

（1）工具、容器应事先灭菌，或用样区土壤擦拭。

（2）采集下一个样品前工具用95%酒精擦拭干净。

二、样品采集方法

（一）土钻法采样

（1）果园和林地去除地面植被、枯枝落叶，位置设在树冠边缘垂直下方；农田去除表面枯枝落叶或秸秆，垄作农田土壤采集垄上非根际土。

（2）用不锈钢土钻随机采集15个土壤样品，每个点位应分布在所代表土种当前图斑范围内，按四分法混合成1个线虫样品，样品重量不够可适当增加采样点数。

（3）采样深度均设置为0～20 cm，土层厚度低于15 cm时以实际土层厚度为准。

（二）好氧状态下土壤样品采集

（1）去除土壤上面的任何覆盖物，包括植物、秸秆、可见根系、凋落物等。

（2）每个采样点的取土深度及重量应均匀一致。采样铲或筒形取样器应垂直于地面，入土至规定的深度。

（3）用于土壤线虫分离鉴定的每个混合样品以1 000 g为宜。

（4）采集的样品量过多时，可用四分法将多余的土壤弃去。如果所得的土样仍然很多，可多次重复使用四分法缩分，直至所需重量。

（5）样品采集后立即放入4 ℃冷藏箱或者冰袋中保存，尽快以低温鲜样运输方式邮寄回实验室分析。

（三）淹水或潮湿的稻田土壤样品采集

（1）若土壤已被排干或自然水位在地表以下，则上部土层的样品按好氧状态下土壤样品的方式采取。

（2）把淹水状态下采取的土样放在塑料布上，经校对后立即装入塑料袋，用手揉搓样袋驱出空气，扎紧袋口，贴上标签；再套另一个塑料袋，扎紧袋口，附上另一份相同的标签。

（3）采集水稻土或湿地等烂泥土样时，四分法难以应用，可改为在塑料盆（桶）中用塑料棒将样品搅匀，取出所需数量的土样。

三、样品保存与运输

（一）样品保存

（1）选取保温性能好的收纳箱，用保温铝箔将收纳箱内侧包裹紧实，按照采样点存放。为保证线虫的生物活性，土壤线虫样品与冰袋分层放置进行低温储存，使线虫样品处于低温状态且受冷均匀。

（2）根据运输时间，保持 40%～60%土壤水分。特快专递寄送，避免雨淋暴晒。

（二）样品运输

在邮寄样品时核对样品类别和数量，拍照记录样品邮寄流转过程；样品签收时需要再次核对样品类别和数量，拍照记录样品交接过程。

第二节　线虫密度、组成和多样性

一、线虫密度测定

选取 1 个直径为 5 cm 的培养皿，用尺子和记号笔将培养皿底部分格，调查扇形内的线虫数量（图 5－1）。

选取 1 个直径为 9 cm 的培养皿，用尺子和极细记号笔分别在培养皿底部平行取 19 个 1 cm^2 的正方形小格，计数小格内线虫数量，用公式（线虫总数＝线虫统计总数/19×培养皿面积）计算线虫总数（图 5－2）。

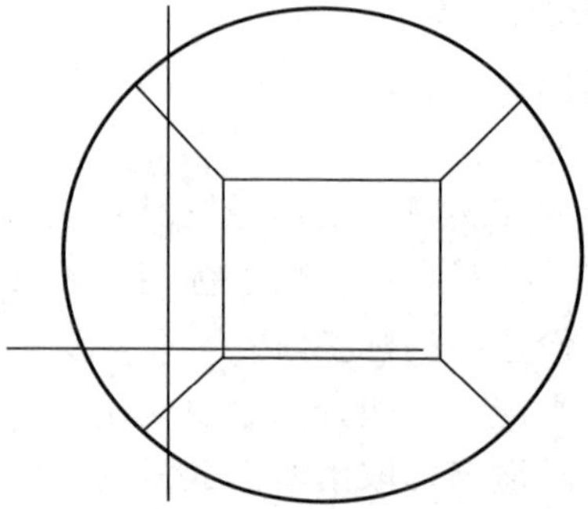

图 5-1　线虫计数培养皿底部扇形分格图

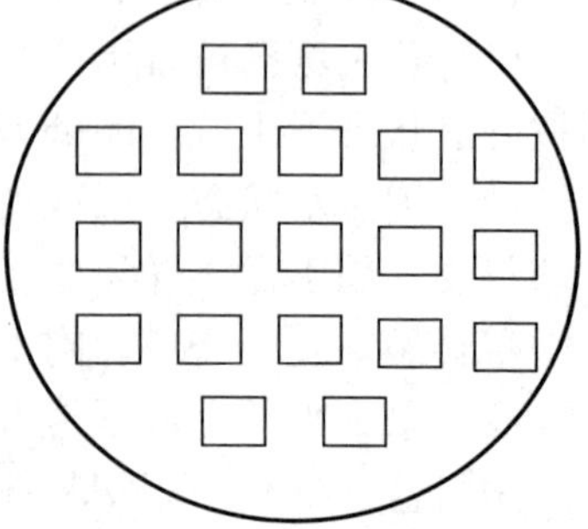

图 5-2　线虫总数计数培养皿底部正方形分格图

稀释法：将线虫溶液稀释到 50 mL 或 50 mL 以上，具体视线虫数量定，再倒出 10 mL 用计数法进行观察记录，三次重复取平均值。

二、线虫形态学鉴定

（一）主要形态特征

根据不同科属线虫体型、唇区、口针、口针基部球、食道、背食道腺开口位置、中食道球大小及形状、侧尾腺口形状、生殖器官位置及特征、尾部形状及特征等主要形态特征进行鉴定。

主要特征如下：

1. 口和口针　食细菌线虫口腔呈管状或漏斗状，植食线虫口腔不明显，杂食/捕食线虫口腔呈广口状或桶状等；植食、杂食/捕食线虫具有口针。

2. 头部（唇区）　最前端，6 个唇瓣，圆形、球形或帽状等；根据与虫体是否具有明显界限可分为缢缩、略缢缩和不缢缩。

3. 食道　消化系统，不同类群差异大，通常分 7 种。

4. 牙齿　牙齿大小、形态、在口腔的位置和口腔壁有无锉齿区（单齿科）。

5. 生殖系统

（1）雌虫。卵巢、输卵管、子宫和阴门。

（2）雄虫。精巢、储精囊、输精管、受精囊、泄殖孔和交合刺；有些还有引带、交合伞、生殖乳突。

6. 尾部　圆锥形、圆柱形和丝状等；直、向腹弯或向背弯；尾部末端尖、钝圆、有环纹等。

（二）主要分离方法

1. 贝尔曼漏斗法　使用贝尔曼漏斗法或浅盘法获取全部线虫群体。

在口径为 20 cm 漏斗末端接一段橡皮管，在橡皮管后端用弹簧夹夹紧，在漏斗上方放置一层纱布和一层线虫滤纸，将土样均匀铺在滤纸上，缓慢加水至浸没样品，室温下放置 48 h 后打开夹子收集橡皮管里的水样，于解剖镜下观察是否有线虫。若有线虫将水样摇匀后吸去 100 μL 或 200 μL 线虫液，制成临时玻片，进行镜检鉴定（图 5 - 3）。

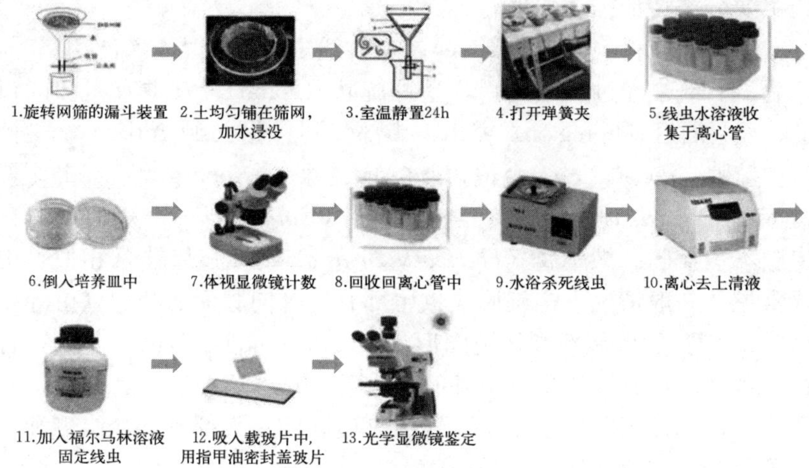

图 5 - 3　贝尔曼漏斗法

2. 浅盘法　把网眼筐套放在塑料盆中，在网眼筐内放入一层纱布和一张等大双层纸巾，将土块弄碎后用 100 mL 烧杯装满土，轻倒在纸上平铺开，用量杯沿塑料盆盆壁往盆里加水至没过土面 2 mm。静置 48 h 后取出网眼盆，把塑料盆中水样倒入 500 mL 量杯中，再用少量清水冲洗重复 2 次，冲洗液继续倒入 500 mL 量杯。量杯中线虫液静置 3 h 后吸去上清液，留下 100 mL 摇匀倒入平底管中并用 5 mL 清水冲洗，重复 2 次，将附着在杯壁杯底的线虫冲洗入平底管。静置 3 h，用皮管吸取上层水留下 20 mL，摇匀倒入带刻度试管，再用少量水冲洗平底管 2 次继续倒入试管中，放入 4 ℃冰箱保存备用。镜检前将线虫溶液定容至 3 mL，摇匀后吸去 100 μL 或 200 μL 线虫液，制成临时玻片，进行镜检鉴定。

3. 鉴定观察方法 在酒精灯上方来回移动玻片，均匀加热 5 s 左右杀死线虫，盖上盖玻片，置于 40×40 倍光学显微镜下观察线虫形态学特征。

（三）主要线虫形态鉴定

1. 线虫常见科主要分类特征 根据荷兰瓦格宁根大学 Tom Bongers 博士 1994 年出版的专著《荷兰线虫分类》，将线虫常见科的主要分类特征描述如下。

（1）纽带科（Hoplamidae）。本科线虫普遍较大，结构细节易于看见。线虫经过热固定后，呈螺旋状（spiral），口中有粗壮的口针；而且唇区（lipregion）突出，头部强烈骨化（sklerotized），雌性双生殖腺（gonads），一个覆盖肠的食道腺（oesophageal gland）。拟盘旋属（*Pararotylenchus*）与盘旋属（*Rotylenchus*）相似，但食道腺不覆盖肠。螺旋属（*Helicotylenchus*）与盘旋属非常相似，也很常见，一般情况下螺旋属线虫尾部有一个向腹面的凸起（projection），而盘旋属尾部则呈钝圆形（rounded tail），但也并非都符合这一规律。盘旋属线虫食道腺叶最大部分从背面覆盖肠，背食道腺孔至口针基部球距离小于 1/4 线虫食道腺叶最大部分，从腹侧和背侧覆盖肠，在背侧相对较长。

（2）锥科（Dolichodoridae）。本科线虫没有独有特征，口针普遍较短，通常食道腺不覆盖肠，雌虫具有双生殖腺。

本科线虫侧区（lateral feld）纵沟纹（ongitudinal grooves）的数目是鉴别属的重要特征。默林属（*Meinis*）6 条纵沟，矮化属（*Tylenchorhynchus*）和长吻属（*Doticho thynchus*）4 条纵沟，长

吻属（*Dolicharhynchas*）在侧区之外的地方还有明显的微线（ongitudinal cisures）。

（3）针科（Paratylenchidae）。本科线虫属环亚纲（Criconematina），表现为食道前体部（procorpus）与中体部（metacorpus）之间既没有缢缩，也没有明显的分界线。雌性单生殖腺，而雄性退化（degenerated），没有口针和食道，可能会被误鉴定为新种。针科线虫口针基部球靠近中食道球瓣膜（valve），虫体较小，不超过 0.5 mm，多为C形。针属（*Paratylenchus*）口针长区形状、受精囊（spermatheca）形状作为该属分类鉴定的依据。

（4）环科（Criconematidae）。本科线虫以其身体短且表面有很深的环纹而易于鉴别。半环属（*Miciconoides*）双层表皮，小环口针约为体长的1/3。叉属（*Crossonema*）和沟环线虫体环沿身体纵向有装饰物。

（5）鞘科（Hemicycliophoridae）。本科线虫口针长，尾部形状特殊，表皮双层；尾部形状是其重要的鉴定特征。

（6）短体科（Pratylenchidae）。本科线虫生活在植物根的内部，不同属的区分相对简单，每个属的形态较一致，很多属能引起植物病害。

（7）异皮科（Heteroderidae）。本科线虫具有很高的经济重要性，1990年，荷兰杀虫剂使用量达22 000 t，其中，60%用于杀死本科的马铃薯金线虫（*Globodera rostochiensis*）。胞囊形状是本科线虫属分类鉴定的重要特征。

（8）根结科（Meloidogynidae）。本科与异皮科线虫相近，雌性以阴门开口及其结构为鉴定依据。根结属（*Meloidogyne*）阴门开口处扁平，无阴门锥（vulvalcone）；雄性口针和交合刺长度是分类鉴定的重要依据。

（9）垫刃科（Tylenchidae）。垫刃科线虫鉴别较为复杂，通常为土壤中优势类群，其基本特征是：单生殖腺，尾部长圆锥形或丝状，尾长/肛门处虫体直径$\geqslant 5\ \mu m$。头垫刃属（*Cephalenchus*）与垫刃科线虫相似，但口针较长，到达中食道球的中部。垫刃科线虫体表是区分属的一个重要特征，具脊垫刃属（*Coslenchus*）有许多纵线，与侧线一起在体表形成许多特殊的小长方形；剑尾垫刃属（*Malenchus*）体环纹明显；野外垫刃属（*Aglenchus*）阴道斜向前伸，无后阴子宫囊（postuterine rudiment）。

侧器（cephalic silts）位置是垫刃科除头垫刃属、具脊垫刃属、剑尾垫刃属和野外垫刃属外其他属线虫的重要分类鉴定特征，但不容易看清楚。叉针属（*Boleodorus*）虫体小，向腹面弯，有时弯成螺旋形，中食道球不发达；新裸矛属（*Neopsilenchus*）口针宽，口针无基部球；巴兹尔属（*Basiria*）侧器呈椭圆形；细纹垫刃属（*Lelenchus*）侧器不明显，尾细长呈丝状，尾长/肛门处虫体直径＞20；垫刃属（*Tylenchus*）虫体较大，身体 C 形弯曲；丝尾垫刃属（*Filenchus*）虫体直或蜷曲，尾部尖。

（10）粒科（Anguinidae）和新垫刃科（Neotylenchidae）。垫刃科和粒科线虫最重要的区别在于头部结构（垫刃科头部骨化）、生殖腺结构（粒科为四柱体形）结构垫近似，但阴门位置不同，垫刃科阴门刚好位于肛门开口前的位置，端较宽、侧尾腺（phasmids/pracapicalglands）位置以及尾部长；新垫刃科与粒科相 Aphelenchidae 和滑刃科（Aphelenchoididae）这两科线虫的显著特征是：中食道球发达，雄性具有发育不完善的交合伞脊，位于尾部，朝向泄殖孔。

（11）真滑刃科（Aphelenchidae）。共有两个属，其中真滑刃属（*Aphelenchus*）口针无基部球，尾部圆筒形（cylindrate），末端钝圆。

在真滑刃科中，滑刃属（*Aphelenchoides*）最为普遍；其次为猪头属（*Anomyctus*）和艾普鲁斯属（*Aprutides*），唇区明显；长尾属（*Seinura*）尾部长，末端有尾尖突，中食道球呈小提琴形；咽滑刃属（*Laimaphelenchus*）几乎弯曲成螺旋形，尾尖突明显；伞滑刃属（*Bursaphelenchus*）与滑刃属的区别在于雄性尾部背腹位置有小的交合伞。

（12）小杆科（Rhabditidae）和仰口科（Bunonematidae）。小杆科线虫的主要特征是口腔管状，口腔壁平行。小杆科线虫属的鉴定一般需要雄性和雌性同时存在，鉴定难度大。但某些种则鉴定比较容易，如 Cuticularia oxycerca 表皮厚且臃肿，三分十字线虫（*Cruznema tripartitum*）纵横侧线的融合使表皮呈现很多小的长方形，Ablenchroiulus paraciliatus 有成束的乳突，Teratorhabditis dentifera 唇瓣之间有较深的角质化侧线。仰口科（Bunonematidae）易于鉴定，身体不对称。

（13）头叶科（Cephalobidae）。头叶科线虫口腔与小杆科相似，但前口腔较后部的宽；雌性生殖腺明显，单生殖腺，且许多线虫唇区上部有易于观察的突出物。丽突属（*Acrobeles*）头部纤毛状突出物在低倍镜下清晰可见；鹿角唇属（*Cervidellus*）具有叉状突出物；拟丽突属（*Acrobeloides*）虫体纺锤形，食道球呈卷轴形肿胀；头叶属（*Cephalobus*）虫体较细，食道圆柱形；异头叶属（*Heterocephalobus*）具有 3 个圆状的唇瓣；真头叶属（*Eucephalobus*）具有 6 个尖状的唇瓣。

（14）盆咽科（Panagrolaimidae）。盆咽科线虫口腔与头叶科相似，但呈漏斗状，甚至长方形。盘咽类线虫虫体较细，尾部铅笔尖状，食道长，肌肉质。

（15）畸头科（Teratocephalidae）。本科有 3 个属，典型特征为前端的皇冠状突出物。真畸头属（*Euteratocephalus*）为水生线虫。

（16）双胃科（Diplogasteridae）和新双胃科（Neodiplogateridae）。这两个科线虫食道球典型。双胃科线虫口腔内有一颗（或没有活动的）钳状牙，而新双胃科则有两颗钳状牙。

（17）单宫科（Monhysteridae）和希阿利科（Xyalidae）。单宫类线虫（*Monhysterids*）角质层光滑，尾部较长，尾长/肛门处虫体直径>5；希阿利类线虫（*Xyalids*）角质层稍有环状条纹，尾长/肛门处虫体直径<5。侧器和阴门的位置、受精囊和尾部形状是单宫类线虫分类鉴定的重要特征。我国黄海希阿利科线虫有两个属：吞咽属（*Daptonema*）尾部棒状，末端有两个刚毛（bristle setae）；棘刺属（*Theristus*）尾部锥形，尾部末端无刚毛。

(18) 绕线科(Plectidae)。威尔斯斯属(*Wilsonena*)和角头属(*Tylocephalus*)头部有背,近似为长管形至漏斗形,侧器圆形。拟绕线属(*Anaplectus*)前口腔膨大成球形,侧器呈狭缝状;瘦的突出物,易于鉴别。拟绕线属和绕线属(*Plectus*)相似,绕线属口腔窄,管状;卵巢异向旋转型回折,阴门中位。

(19) 细咽科(Leptolaimidae)和哈尔隐咽科(Halaphanolaimidae)。体表有明显环状条纹创器圆形,雄性有典型的附器(supplements)。

(20) 棱咽科(Prismatolamidae)。棱咽属(*Prismatolaimus*)主要特征为口腔宽大,有背齿和小齿垫,尾部呈丝状。托布利属(*Tobrilus*)线虫的鉴定特征包括:头部刚毛的长度、齿在漏斗状口腔中的位置、雄性附器的位置和性状。

(21) 三孔科(Trypylidae)。口闭合,口腔内可见小齿。其中,三孔属(*Tripyla*)虫体螺旋状,体表肿胀。

(22) 无咽科(Alaimidae)。虫体细长,口腔退化,无轴针或壁齿。侧器位置是该科线虫属鉴定的重要依据。

(23) 单齿科(Mononchidae)和倒齿科(Anatonchidae)。这两个科线虫的鉴定特征是:口腔桶状,强烈骨化。单齿科线虫口腔基部为漏斗形,口腔壁的三部分结构不同,通常在背面腔壁有一颗齿;倒齿科线虫口腔基部为扁平状。肠道基部结构也是区分这两个科线虫的重要依据。

(24) 膜皮科(Diphtherophoridae)。膜皮科线虫齿针(spear)复杂,包括两个属:巨宫属(*Tylolaimophorus*)和膜皮属(*Diphtherophora*)。巨宫属整个虫体充满颗粒状物,内部结构不清晰;膜皮属角质层不规则肿胀,身体和角质层之间充满液体。

(25) 毛刺科(Trichodoridae)。毛刺科线虫齿针复杂,弯曲呈弓形,无基部球。本科包括两个属:拟毛刺属(*Paratrichodorus*)和毛刺属(*Trichodorus*)。拟毛刺属角质层强烈肿胀,毛刺属则不肿胀;拟毛刺属雌性侧区有小的角质化孔和沟,而毛刺属雌性侧区的孔和沟分布在阴门附近。

（26）长针科（Longidoridae）。本科虫体细长，共有三个属：拟长针属（*Paralongidorus*）、长针属（*Longidorus*）和剑属（*Xiphinema*）。拟长针属唇区有缢缩，长针属和剑属齿针结构与诱导环位置不同。

（27）角咽科（Actinolaimidae）和盘咽科（Discolaimidiae）。这两个科线虫唇区特殊，唇区形状是其重要的分类鉴定依据。

（28）诺帝科（Nordiidae）。该科线虫齿针长，腔窄，开口小。大矛属（*Enchodelus*）口针延伸部（styletextension）有凸缘(flange)；短体长针属（*Logidorella*）与长针属（*Longidorus*）相似，齿针长，但身体相对短，肿胀；螯属（*Pungentus*）身体直，管状齿针稍弯曲，开口处可见一些颗粒物。

（29）颚针科（Belondiridae）。食道膨大部由肌肉鞘包围，口针呈轴形。丝尾属（*Oxydirus*）尾部长；牙咽属（*Dorylaimellus*）尾部短圆锥形，食道逐渐变宽；缢咽属（*Aronchium*）尾部短圆，食道膨大部比前部长，连接处有缢缩。

（30）细齿科（Leptonchidae）。本科线虫特征是齿针后部肿胀。

（31）矛线科（Dorylaimidae）。池塘矛线虫（*Dorylaimus stagnalis*）雌雄二态。雄性尾部钝圆，有35～45个附器；雌性尾部细长丝状，尾尖稍向背部弯折，角质层有纵脊。

（32）Thorniidae。食道膨大部由肌肉鞘包围，与肠连接处有3个腺体。*Paravulvus* 尾部圆锥形；拟穿咽属（*Nygolaimoides*）虫体肿胀；穿咽属（*Nygolaimus*）虫体比较细长。

（33）孔咽科（Aporcelaimidae）。本科线虫角质层厚，诱导环膜质、多层。其中，无孔小咽属（*Porcelaimellus*）、类缢咽属（*Paraxonchium*）和扁腔属（*Sectonema*）较为常见。扁腔属线虫与穿咽属相似，但壁齿位于腹面；类缢咽属线虫头部细，齿针前部呈镰刀形；*Aporcelaimium* 虫体前部也向头端方向渐细；无孔小咽属线虫齿针开口大，尾部角质层厚。

（34）索恩科（Thornematidae）。本科虫体较大，雌性尾部长，一些属雌性二态，一些属雄性尾部长。雌性为遍居属（*Ecumenicus*）和晚世矛线属（*Opisthodorylaimus*）单生殖腺，阴门距前端较远；遍居属线虫尾部相对短，晚世矛线属线虫尾部相对长。中矛线属（*Mesodorylaimus*）雌性二态，前矛线属（*Prodorylaimus*）则不是雌性二型。

（35）奎希娅科（Quadsianematidae）。真矛线属（*Eudorylaimus*）很常见，正确鉴别雄虫需要有雌虫辅助。

2. 土壤线虫分类鉴定步骤 首先，鉴定的第一步按以下标准判断：T1 具有口针和中食道球；无齿，无食道球；T3 没有口针或吻针/齿针（Bongers，1994）。其次，根据以上特征，分成三大类，再逐步判断（Bongers，1994）。

● T1 具有口针、中食道球。

（1）食道腺覆盖（肠）。

① 两个生殖腺（gonads）。

纽带科：头骨发达，身体呈螺旋状。

螺旋属：尾部有突起，向体部弯曲。

盘旋属：尾部没有突起，身体向背部弯曲。

② 一个生殖腺（gonad）。

短体科：短的口针发育较好，尾部钝圆。

短体属：唇区前部较平。

粒科：口针不发达，尾部锥形。

假海滨属：中食道球不发达。

滑刃科：中食道球大，口针较细。

滑刃属：尾部锥形，末端有尾尖突。

真滑刃科：中食道球发达。

真滑刃属：尾部钝圆。

（2）食道腺不覆盖（肠）。

① 两个生殖腺（gonads）。

锥科：尾部钝圆。

长吻属：整个身体具有纵脊，侧区 4 条侧线。

默林属：只在身体侧区有 6 条侧线。

矮化属：和双垫刃属 *Bitylenchus* 在身体后部有 4 条侧线。

② 一个生殖腺（gonad）。

锥垫刃科：口针是从前部到中食道球距离的 1/2。

垫刃科：口针短，尾部是细长的锥形。

具脊垫刃属：具纵脊。

剑尾垫刃属：体表环纹显著。

野外垫刃属：有显著的阴门侧盖。

丝尾垫刃属：身体有显著的环纹，较小，圆胖。

环科：双层具环纹的表皮。

鞘科：

鞘属：身体在阴门后变狭窄。

卢夫属：身体在阴门后不变狭窄。

针科：

针属：口针长。

● T2 具有吻针/齿针，无中食道球。

（1）齿针结构简单。

颚针科：吻针/齿针短缢缩。

缢咽属：食道扩大部肌肉鞘包围，扩大部比前部长，连接处有四食道，扩大部分不被肌肉鞘环绕。

长针科：体长较长（3～12 mm），身休纤细。

长针属：导环位置在身体前部，口针延伸部无凸缘。

剑属：导环位置在身体后部，口针延伸部有凸缘。

孔咽科：短齿针具有较大孔口。

无孔小咽属：尾部的表皮明显。

螯属：身体直，尾部钝圆，齿针弯曲，身体内容物不贴近表皮，口孔周围有光反射粒子。

中矛线属：虫体较大，雌性尾部前半部分渐变细，后半部分延长但不继续变细；雄性尾部短，钝圆，口针导环（stylet guide ring）为单层。

前矛线属：雌雄虫尾部相同，后部延长变细，双层导环。

真矛线属：尾部圆锥形，向腹部弯曲。

（2）齿针结构复杂。

毛刺科：齿针弯曲，尾部钝圆，肛门位于身体后端。

毛刺属：表皮不膨大，雄虫虫体弯曲。

拟毛刺属：死后角质层强烈肿胀，雄虫死后尾部不弯曲。

膜皮科：

齿针短膜皮属：表皮较松。

巨宫属：呈C形，身体内容物不可见。

垫咽属：虫体较小，齿针延伸，具基部球，唇区帽状。

● T3 没有口针或吻针/齿针。

（1）口腔明显宽大。

① 口腔管状。

小杆科：尾部没有尾腺（caudal glands）端口，口腔壁平行。

小杆属：生活在土壤中。

绕线科：尾部具尾腺端口，口腔壁微呈漏斗形。

绕线属：侧器圆形，口腔壁前段不宽。

威尔斯属：在颈部区域有像翅膀一样延伸。

拟绕线属：侧器为切口状，不明显，口腔为蝶形扩大，通常为雄性。

② 口腔桶状。

棱咽科：尾部丝状伸长。

棱咽属：头部有刚毛。

倒齿科：口腔强烈硬化，3 颗齿，口腔基部扁平，食道基部具泡囊。

倒齿属：齿位于口腔的后半部。

等齿属：齿位于口腔的前半部。

单齿科：口腔强烈硬化骨化，有一个大的背齿，背齿对面有一个光滑的脊，食道基部不具泡囊（瘤状物）。

克拉克属：齿对面有一个光滑的脊。

库曼属：没有脊，尾部弯曲，尾腺缺失。

单齿属：没有脊，尾部直，具尾腺。

锯齿属：脊带锯齿状。

锉齿属：背齿大，向前指，成对的位置上有小齿列组成的锉区。

大齿属：具不规则排列的齿。

(2) 口腔闭合或没有明显的空间。

① 唇区突出或具泡囊（bubbles）。

头叶科：口腔宽大，具4个窄环。

丽突属：唇区装饰物明显，叉状，有缘穗。

鹿角唇属：唇区装饰物小，分叉，无缘穗。

拟丽突属：虫体小，食道球呈卷轴形肿胀。

真头叶属：6个唇瓣。

头叶属：3个唇瓣，尾部钝圆。

异头叶属：3个唇瓣，尾部有尖状突起或呈细丝状。

畸头科：唇区冠状。

畸头属：表皮环状，尾部相对长。

后畸头属：表皮尾部圆锥形，侧器大，螺旋状。

② 唇区不突出。

三孔科：螺旋形虫体，有1颗齿在闭合的口腔中。

内三孔属：加热固定后身体呈螺旋形。

无咽科：虫体细长，几乎没有结构。

无咽属：侧器不明显。

拟高杯侧器属：侧器似镰刀形。

膜皮科：几乎见不到齿针，被颗粒覆盖。

巨宫属：虫体圆胖，尾部钝圆。

3. 四大主要营养类群鉴定图谱　按照线虫的食道类型及土壤生态功能，将线虫划分为食细菌线虫、食真菌线虫、植物寄生线虫、捕食/杂食类线虫，这是土壤生态系统中四大线虫主要营养类群。现将其主要代表属举例如下。

（1）食细菌线虫。

① 原杆属（*Protorhabditis*）。

系统发育：小杆目小杆亚目小杆科。

形态特征：中等大小，粗壮，略向腹弯；角质层环纹细，偶尔有纵条纹；唇区不缢缩；口直筒状，较窄，长度为唇区直径的 2～4 倍。前口大部分骨化，后口不具咽齿；食道中部膨大；雌虫双生殖腺，卵巢回折，阴门位于体中部；雄虫交合刺不融合，交合伞伸至尾部末端，具 8～9 对乳突；雌虫尾部细长圆锥形，雄虫尾部短圆锥形（图 5-4）。

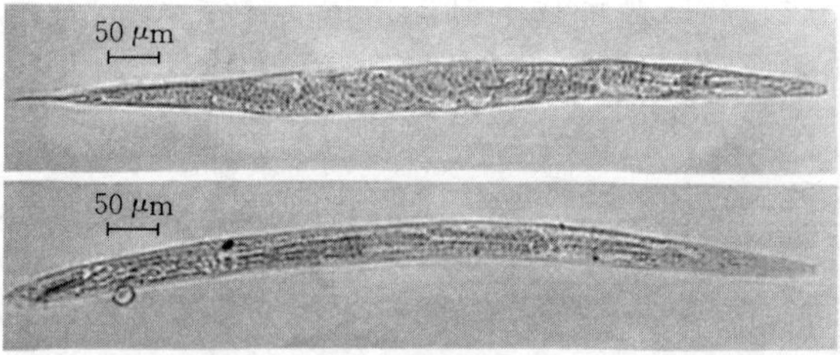

雌 虫

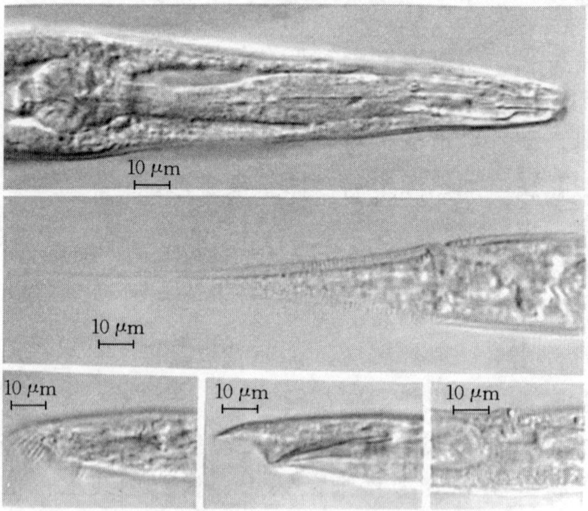

雄 虫

图 5-4　原杆属雌虫和雄虫形态学特征

② 头叶属（*Cephalobus*）。

系统发育：小杆目垫刃亚目头叶科。

形态特征：中等大小，直到略向腹弯；角质层环纹细，侧带2～4条唇区略缢缩，无突起物；食道前体部和后体部圆柱形，后体部食道球卵圆形，神经环环绕食道后体部；具颈乳突，侧尾腺位尾中部附近；雌虫单生殖腺，卵巢两次回折，具有受精囊和后阴子宫囊，阴门平或突出，尾部圆锥形，尾末端钝圆或尖突；雄虫尾部圆锥形，弓形向腹弯，末端具有短的钩状尾尖突（图 5-5）。

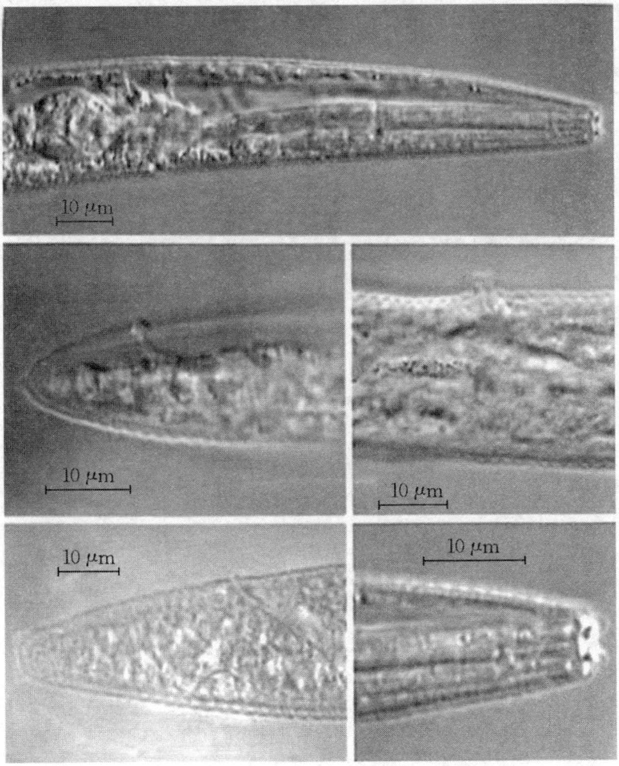

图 5-5　头叶属雌虫形态学特征

③ 丽突属（*Acrobeles*）。

系统发育：小杆目垫刃亚目头叶科。

形态特征：中等大小，长 0.3～1.1 mm，直到向腹弯；角质层具环纹，体环数 140～200 个。侧线 2～4 条至侧尾腺之后（雌虫），或伸至尾尖突基部（雄虫）；唇区略缢缩，唇突起物长，显著二分叉，并具有至少 7 对三角形的小刺；头突起物长，三角形，显著分隔，并有许多膜质的刺；食道前体部圆柱形，后体部略呈梭形，后食道球卵圆形，神经环环绕食道颊部；雌虫前伸，单生殖腺，卵巢后部分舒展或回折两次，具受精囊，阴门区域平或凹陷；雄虫具 3 对肛前生殖乳突，另外 5 对生殖乳突位于尾部；雌虫尾圆锥形至长圆锥形，末端钝或细圆形，雄虫尾圆锥形，向腹弯，末端细圆（图 5－6）。

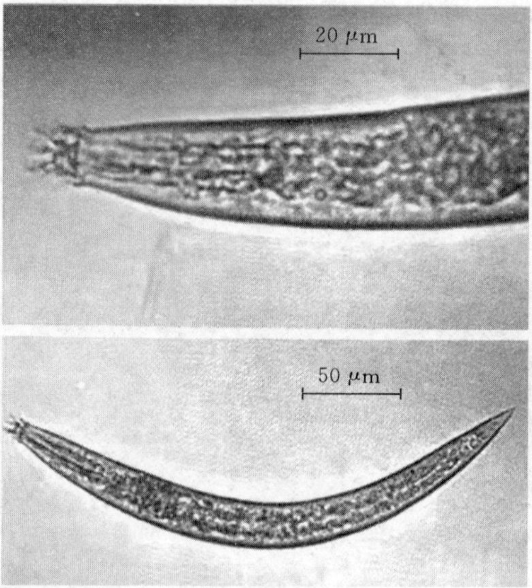

图 5－6　丽突属雌虫形态学特征

（2）食真菌线虫。

① 真滑刃属（*Aphelenchus*）。

系统发育：小杆目垫刃亚目真滑刃科。

形态特征：中等到长，虫体略直，向腹弯；头部前端圆，口针较细，基部略膨大，无基部球；侧线 6 条；食道前体部圆柱形，中食道球卵圆形，中食道球瓣发达，有明显的峡部，食道后体部腺叶状；雌虫阴门位于虫体后部，开口横卵孔状，阴门唇略突起。虫体在阴门后明显变细，前伸单生殖腺，后阴子宫囊长度超过肛阴部的 1/2，雌虫尾部短，近圆柱形，末端宽圆；雄虫交合刺较细，向腹面弯，交合伞伸达尾端，尾短，渐变细成圆锥形，末端圆尖（图 5－7）。

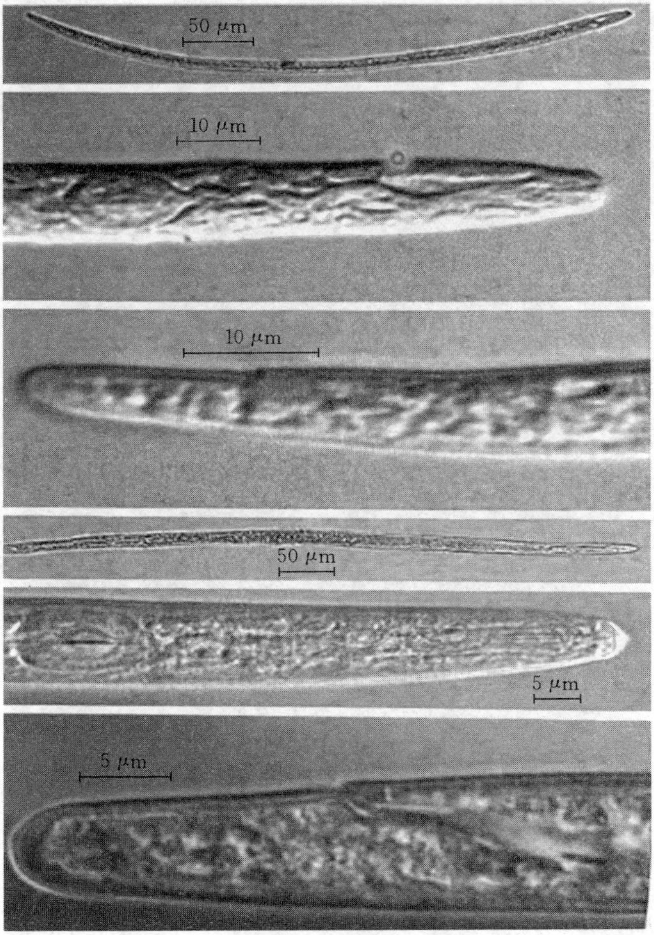

图 5－7　真滑刃属雌虫形态学特征

② 长尾滑刃属（*Seinura*）。

系统发育：小杆目垫刃亚目滑刃科。

形态特征：角质层光滑或具细横纹，侧线 2～5 条；头高、缢缩，口针长为唇宽的 2～3 倍，无基部球；中食道球发达，卵圆形至长卵圆形，食道腺为 1～3 叶；排泄孔紧靠神经环；雌虫单生殖腺前伸，生殖腺舒展，有或无后阴子宫囊；雄虫交合刺发达，滑刃型，无引带，生殖乳突 3～4 对，尾先呈圆锥形，后变窄呈丝状，末端尖（图 5-8）。

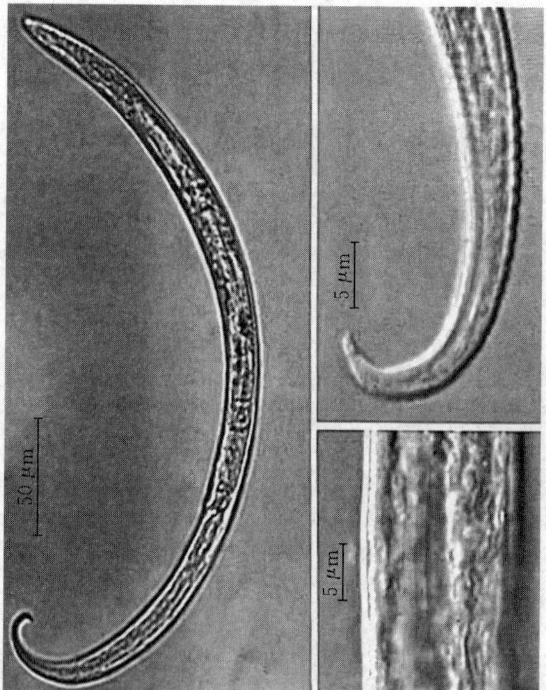

图 5-8　长尾滑刃属雌虫形态学特征

③ 垫咽属（*Tylencholaimus*）。

系统发育：矛线目矛线亚目垫咽科。

形态特征：虫体直或略向腹弯。角质层垫咽形，亚角质层疏松且具不规则的纹路，外角质层通常具细横纹；唇区呈帽状，缢缩；侧器口横裂缝状；齿针较细，不发达，略短于唇区宽度，齿托具有明显的基部球；食道矛线形，食道于中部缓慢或突然膨大；雌虫双生殖腺或单生殖腺前伸；雄虫交合刺矛线形，生殖乳突通常 2～6 个，间隔排列，尾半球形，凸圆锥形至长圆锥形（图 5-9）。

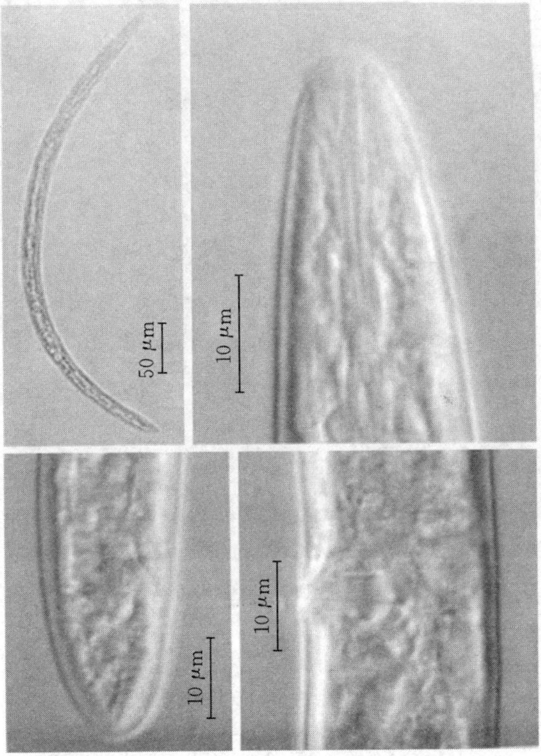

图 5-9　垫咽属雌虫形态学特征

（3）植物寄生线虫。

① 螺旋属（*Helicotylenchus*）。

系统发育：小杆目垫刃亚目纽带科。

形态特征：热杀死后虫体呈不同程度螺旋形，侧线 4 条；头部略缢缩，端圆，通常有环纹；食道垫刃形，后食道腺背腹覆盖肠；雌虫双生殖腺对伸，有时后生殖腺退化为后阴子宫囊，有或无阴门盖，雌虫尾部呈不对称圆锥形，背弯弧大，有或无末端腹突，尾不超过肛门处体宽的 2.5 倍；雄虫交合伞伸达尾端（图 5－10）。

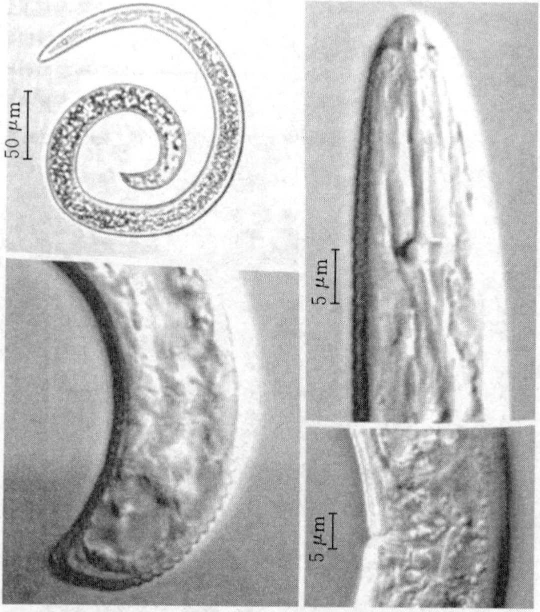

图 5－10　螺旋属雌虫形态学特征

② 短体属（*Pratylenchus*）。

系统发育：小杆目垫刃亚目短体科。

形态特征：虫体较粗短，侧线 4 条；头部略缢缩，头架骨化明显，头部低平，通常高度小于头部直径的 1/2；口针粗短，基部球发达；食道垫刃型，食道腺从腹面覆盖肠；雌虫前伸单生殖腺，有后阴子宫囊，尾长为肛门处体宽的 2～3 倍，尾端钝圆；雄虫交合伞伸达尾端，引带不伸出泄殖腔（图 5－11）。

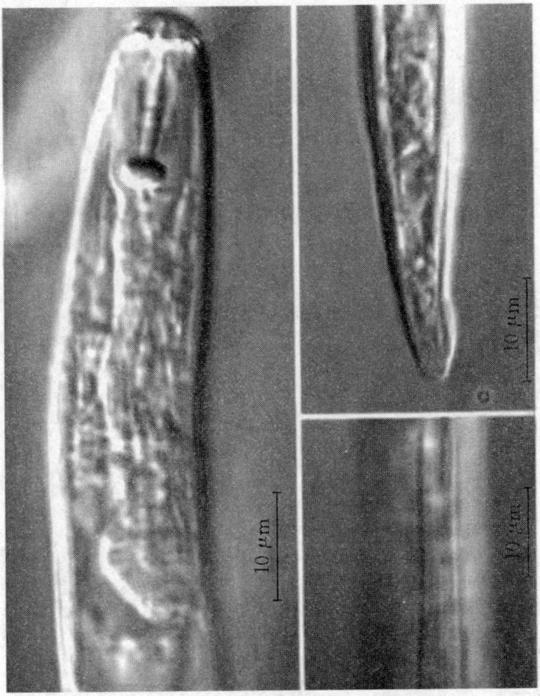

图 5-11　短体属雌虫形态学特征

③ 根结属（*Meloidogyne*）。

系统发育：小杆目垫刃亚目异皮科。

形态特征：雌虫膨大呈球状，具突出的颈，雄虫和幼虫蠕虫形；雌虫头架弱，口针粗，针锥部长为口针长的 1/2，背食道腺开口紧靠口针基部球之后，中食道球大，食道腺腹侧覆盖肠，阴门位于体末端或近末端，会阴部有指纹状花纹，双生殖腺；雄虫头部和口针强壮，食道峡部粗短，泄殖腔口位于虫体近末端或末端，无交合伞（图 5-12）。

④ 杆垫刃属（*Rhabdotylenchus*）。

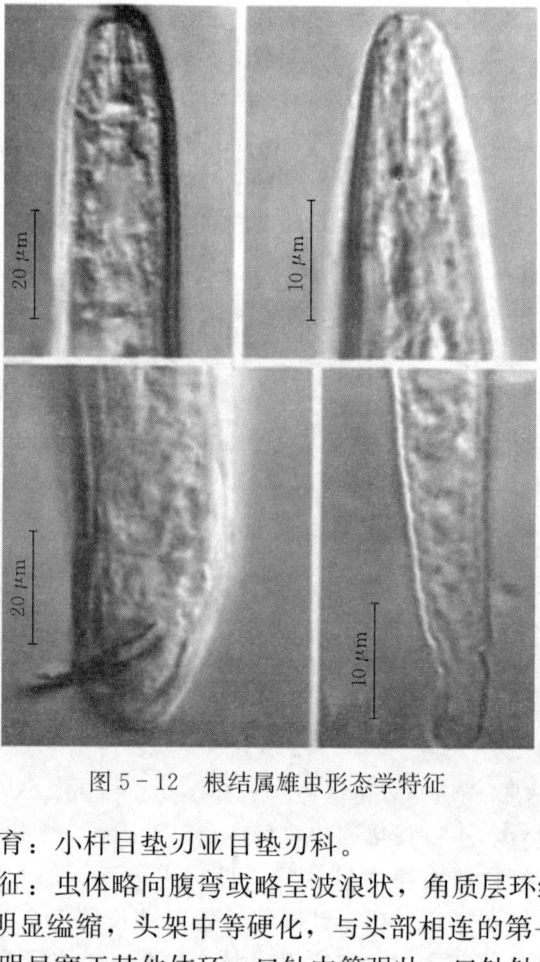

图 5-12　根结属雄虫形态学特征

系统发育：小杆目垫刃亚目垫刃科。

形态特征：虫体略向腹弯或略呈波浪状，角质层环纹细，侧线4条；头部明显缢缩，头架中等硬化，与头部相连的第一个体环角质层增厚，明显宽于其他体环；口针中等强壮，口针针锥部小于口针长的1/2，具基部球；食道垫刃形，中食道球明显，食道腺梨形或长瓶形，不覆盖肠；雌虫前伸单生殖腺，有后阴子宫囊，尾部粗短，直或略向腹弯；雄虫单精巢，交合刺弓状，交合伞小、不伸达尾端（图 5-13）。

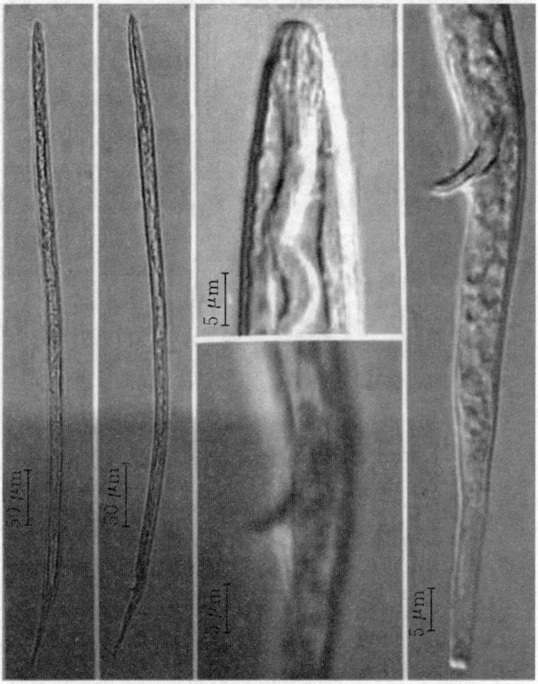

图 5-13 杆垫刃鼠雄虫和雄虫形态学特征

(4) 捕食/杂食类线虫。

① 锉齿属 (*Mylonchulus*)。

系统发育：单齿目单齿科。

形态特征：中到大型，虫体向腹弯，后部卷；唇区与虫体连续，不缢缩；口腔前庭呈高脚杯形或漏斗形，后部明显收窄，背齿大，爪形，通常位于口腔前庭的前部，背齿相对位置具多行珍珠形小齿，形成锉齿区，末端通常具齿状结构；食道单齿形；雌虫双生殖腺或前伸单生殖腺，肛门略凸出；雄虫交合刺较短，生殖乳突 6～16 个，雌虫尾部钝圆形或长圆锥形（图 5-14）。

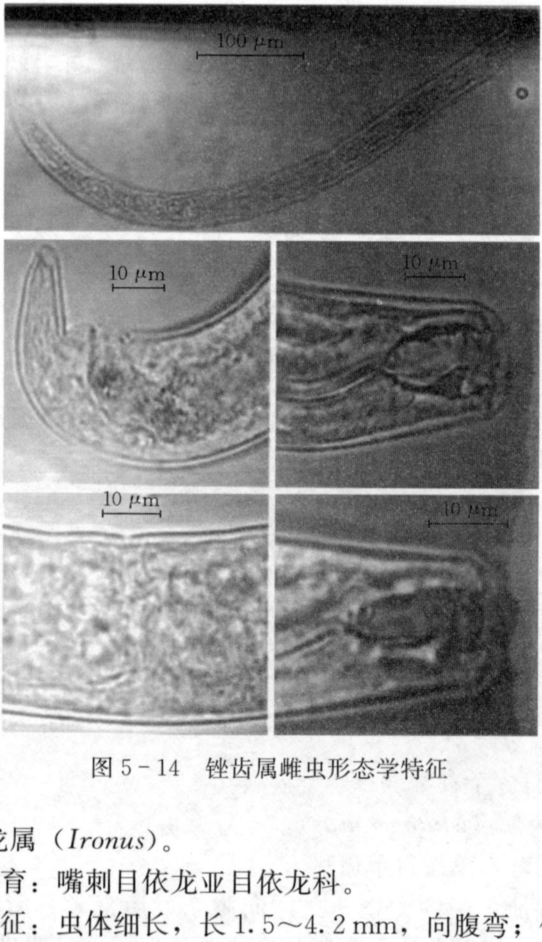

图 5-14　锉齿属雌虫形态学特征

② 依龙属（*Ironus*）。

系统发育：嘴刺目依龙亚目依龙科。

形态特征：虫体细长，长 1.5～4.2 mm，向腹弯；体腔内常充满棱柱状的晶体；角质层光滑，无刚毛；头部缢缩，唇瓣 3 个，乳突小，具 4 个不明显的亚侧面头部刚毛；口前部具 3 个大小相近、可移动的爪状齿；食道圆柱形，前部较窄，环绕口；雌虫双生殖腺，卵巢回折；雄虫交合刺发达；雌虫尾部长丝状，少数短圆锥形（图 5-15）。

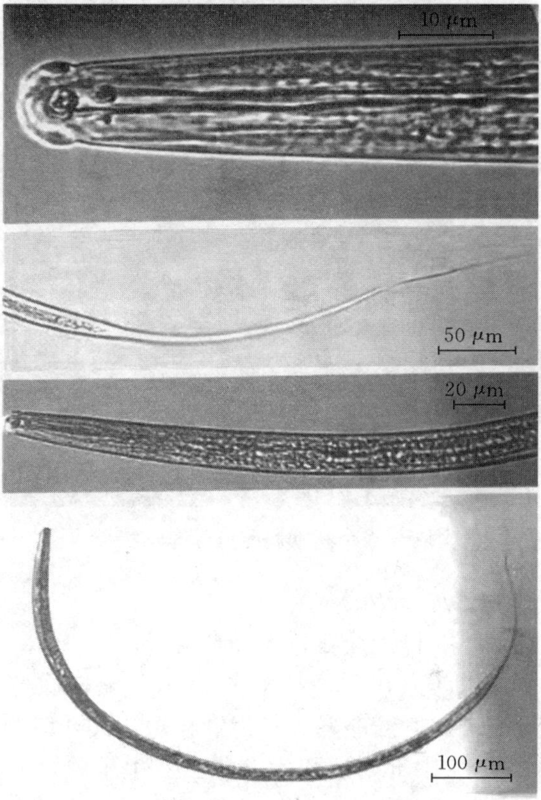

图 5-15　依龙属雌虫形态学特征

③ 狭咽属（*Discolaimium*）。

系统发育：矛线目矛线亚目奎西娅科。

形态特征：虫体长、略向腹弯；角质层光滑，虫体两侧各有 20～80 个亚角质腺；唇区宽，略呈盘状，强烈缢缩，唇不融合；齿针短，齿针开口为齿针长的 1/3～1/2；食道矛线形，背食道腺细胞核在基部膨大部较靠后的位置；雌虫双生殖腺，卵巢回折，阴门横裂，不具骨化瓣；雄虫生殖乳突 3～14 个，间隔排列；雌雄虫尾部均呈圆锥形或钝圆形（图 5-16）。

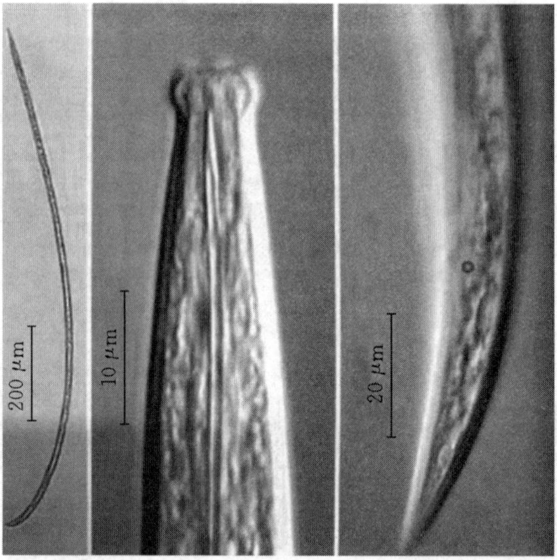

图 5 - 16　狭咽属雌虫形态学特征

④ 无环属（*Aporcella*）。

系统发育：矛线目矛线亚目无环咽科。

形态特征：虫体大，粗壮，长约 2 mm，略向腹弯；角质层光滑；唇区明显缢缩，唇瓣略融合；齿针粗短，其开口约占其长度的 2/3；食道矛线形，中部附近膨大；雌虫双生殖腺，卵巢回折，阴门横裂，没有骨化瓣；雄虫较小，交合刺细长，生殖乳突7～17个；雌雄虫尾部均为短圆锥形（图 5 - 17）。

⑤ 孔咽属（*Aporcelaimus*）。

系统发育：矛线目矛线亚目无环咽科。

形态特征：虫体大到非常大，长 4～10 mm，向腹弯；角质层厚，具细微、纵横交错的纹路；唇区明显缢缩，唇瓣大，几乎不分隔；齿针约与唇区宽度等长，开口大，占齿针长度的 2/3～3/4；食道矛线形，肌肉质强，中部附近逐渐膨大；雌虫双生殖腺，阴门横裂，具小骨化瓣；雄虫交合刺强烈膨大，腹中生殖乳突 7～30 个，间隔排列；雌雄虫尾部短圆锥至半球形（图 5 - 18）。

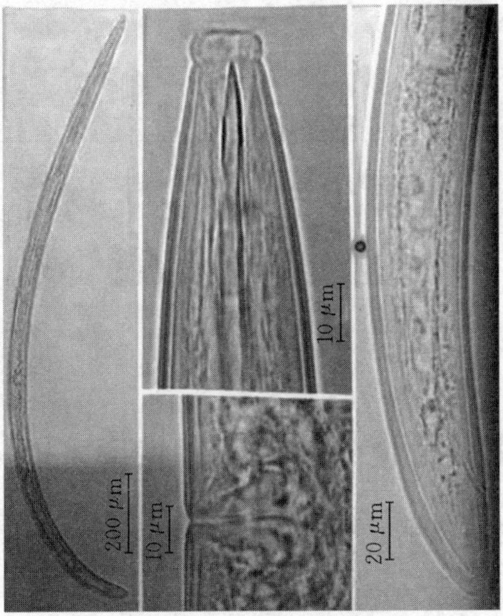

图 5-17 无环属雌虫形态学特征

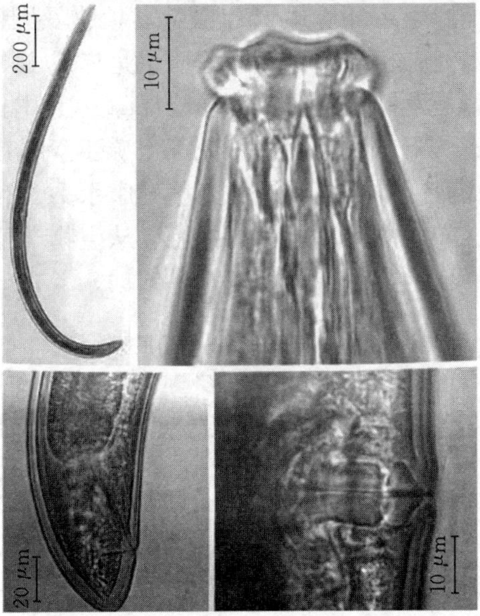

图 5-18 孔咽属雌虫形态学特征

第六章 土壤生物群落生物学性状评价与土壤健康管理

第一节 土壤健康与生物学性状评价指标体系建立

一、土壤质量和土壤健康的关系

土壤质量是土壤在生态系统范围内维持生物的生产力、保护环境质量以及促进动植物健康的能力。土壤健康是土壤持续支撑农产品安全生产、维持生态环境质量和保障动植物及人类健康的功能。土壤质量和土壤健康相互关联，土壤质量是形成土壤健康的物质基础，而土壤健康是发挥土壤质量的功能保障。土壤中的生物群落形成多级生物网络，驱动了土壤中养分等生源要素和有害物质的转化与循环过程，从而影响土壤质量和土壤健康水平。利用土壤生物的生物量、活性、多样性和功能性指标可以从生物学角度评价土壤质量和土壤健康，为土壤可持续管理提供依据。

二、国内外对土壤健康评价的研究

国内外非常重视耕地土壤健康评价工作，我国先后制定了《耕地质量等级》(GB/T 33469—2016)、《耕地质量调查监测与评价办法》等耕地质量评价标准。美国农业部1995年开发了土壤管理评估框架，在这一理论框架指引下，土壤健康评价形成了“制定评价目标—明确评价对象和涉及的土壤功能—选取评价指标与评价方式—输出评价结果”的一般技术路线。美国康奈尔大学土壤健康团队于2007年建立了康奈尔土壤健康评价系统。美国马里兰州于2017年通过了土壤健康的相关立法。印度农业部建立了土壤健康卡以评估耕地土壤健康状况。新西兰、法国、英国、澳大利亚等国也建立了国家（地区）的土壤健康（质量）评估方法体系。此外，新西兰建立了SINDI（Soil Indicators）土壤健康评价方法，荷兰制定了基于土壤功能的土壤健康评价方法等，这些方法的制定对推动全球土壤健康评价提供了重要的参考（表6-1）。

表6-1　不同耕地土壤健康评价方法对比

标准名称	优点	缺点
耕地质量调查监测与评价办法	充分综合了自然条件、土壤条件、土壤管理等多因素，涵盖了多种评价指标，可以比较全面地反映土壤健康状况	评价指标没有考虑土壤生物学指标，只针对耕地质量等级与作物产量关系
康奈尔土壤健康评价系统	选用了土壤物理、化学和生物学指标，能比较全面地反映土壤健康状况	没有考虑土壤属性指标，该方法在田块尺度准确性较高，但区域尺度准确性相对较低
新西兰SINDI土壤健康评价方法	主要适用于新西兰地区，针对不同作物和目标制定不同的评价标准，具有专一性，能更好地指导作物生产，但是具有区域局限性	评价过程主要以单个指标为评价单元，没有充分整合其他指标形成一个综合指数
基于土壤功能的土壤健康评价方法	侧重于对不同土壤功能权衡关系	该评价方法仍停留在理论阶段，尚未得到广泛应用

与上述土壤健康评价方法相比，我国已有的耕地土壤健康评价标准重视土壤养分属性，对物理指标重视不足，生物学指标则还未系统考虑，本书所提出的评价体系弥补了以上的不足；与国外的标准相比，华北小麦-玉米体系的管理具有区域性，因此本书提出的土壤健康评价标准不仅具有非常强的针对性，同时也充分考虑土壤

评价过程中权重的选择，形成了一个综合评价指数；同时，本书综合考虑了土壤健康-耕地产能-土壤多功能，针对土壤存在的障碍因子，为进一步提出提升健康土壤培育的调控途径奠定坚实的基础。

我国长期以来非常重视耕地地力评价工作，先后制定了一系列土壤质量评价技术规程与操作规范，为明确耕地土壤健康现状提供非常重要的参考。但是这些评价更多是关于土壤基础设施、土壤养分，而在指标选择上忽略了土壤生物学指标的重要性。在此基础上，本书的撰写团队先后在土壤健康评价方面取得一系列进展，形成了肥沃耕层构建技术、耕地质量提升技术、耕层养分调控技术、健康土壤培育技术等，有效地提升了耕地产田的产能。把目前国际上比较广泛使用的康奈尔土壤健康评价体系引进华北平原小麦-玉米轮作体系，基于长期定位试验、农户采样数据分析、科技小院网络等，构建了土壤健康评价大数据库，测定指标涵盖了土壤物理、化学和生物学等参数，形成了小麦-玉米体系主要障碍因子识别方法技术，构建了农产品产地高风险区域识别方法，开展了基于障碍因子的消减途径和差异化处理方法。这些前期的研究为地方标准的制定奠定了坚实的基础（表 6-2、表 6-3）。

表 6-2　农田耕地土壤健康数据库

采样地点	
经纬度	
作物类型	
作物产量	
养分投入	包括数量、形态、施用时期
数量	
形态	
施用时期	
农药投入	包括数量、形态、施用时期
灌溉用水	包括数量、施用时期
耕地机械	包括机械施用类型、频度、载荷等

（续）

作物发病情况	记录主要病害发病程度	
	指标	测定值
物理指标	表土层厚度	
	障碍层厚度和深度	
	土壤容重	
	0.25～2 mm 团聚体含量	
	团聚体稳定性	
	粉黏比	
	导水率	
	氧扩散率	
	土壤硬度	
化学指标	有机质	
	pH	
	阳离子交换量	
	电导率	
	含盐量	
	盐基饱和度	
	N、P、K 全量和有效性	
	交换性钙	
	交换性镁	
	有效铁	
	有效铜	
	有效锰	
	有效锌	
	有效镉	
	有效铅	
生物学指标	有机质易氧化率	

（续）

	土壤微生物生物量碳	
	土壤微生物生物量氮	
	土壤微生物呼吸	
	土壤蔗糖酶	
	土壤脲酶	
	土壤磷酸酶	
	土壤过氧化氢酶	
	土壤微生物多样性	
	土壤蚯蚓多样性	
	土壤线虫多样性	

表 6－3　华北地区部分土壤健康指标阈值

测定指标	上限/最佳范围
pH	小麦 6.3～7.5，玉米 6.5～7.0
有机质	30 g/kg
全氮	1.5 g/kg
有效磷	40 mg/kg
速效钾	150 mg/kg
交换性钙	2 000 mg/kg
交换性镁	200 mg/kg
有效铁	20 mg/kg
有效锰	30 mg/kg
有效锌	3 mg/kg
有效铜	1.8 mg/kg

三、土壤生物调查评价指标选择原则

土壤生物驱动了土壤中养分元素的转化和循环，影响了土壤结构的形成，从而影响土壤质量和土壤健康水平。由于土壤生物复杂多样，在土壤中形成复杂的生物群落，不同生物之间存在随机性和确定性的相互关联、相互作用，共同影响土壤生物的多功能性。土壤生物的生物量、群落组成、功能和活性等是评价土壤质量变化的敏感指标，需要综合考虑选择土壤生物指标。

在选择土壤生物指标时需要考虑多项原则：

（1）以土壤核心功能为原则。以土壤生物培育土壤质量和提升植物生产力功能为核心，在有机质和养分转化功能方面形成相互关联的系统性指标体系。

（2）多功能性兼顾原则。集成土壤生物培育土壤质量和提升植物生产力的功能，包括促进养分转化、促进植物生长、抑制病害发生等功能。

（3）重要性和代表性指标相结合原则。针对碳、氮、磷养分蓄积和转化功能、促进植物生长、抑制病害发生功能，考虑土壤生物对主要功能的贡献度和制约作用，同时考虑在同类生物指标中的代表性。

（4）稳定性和敏感性指标相结合原则。在考虑土壤生物的演替过程与生物功能之间协同变化的敏感性指标基础上，考虑土壤生物群落在长期演替中的稳定性指标。

（5）分子生物学与经典生态学指标相结合原则。考虑调查和分析方法的先进性、可靠性和低成本性，兼顾分子生物学分析与群落尺度的生物多样性和功能分析。

四、土壤健康评价指标隶属度及权重

（一）计算土壤健康指标隶属度

根据土壤健康指标的丰缺程度，确定各土壤健康指标适合的隶属度函数类型和相应的阈值。然后，将各项指标的测定结果带入对应的表达式中便可以得到各评价指标的隶属度值。不同测定指标的隶属函数类型选择如下。

（1）S形隶属函数。部分土壤健康指标与生产力之间的效益曲线呈现S形变化，即评价指标的数值与生产力呈正相关。土壤有机质、全氮、有效磷、有效钾、交换性钙、交换性镁、有效铁、有效锰、有效铜、有效锌等属于这个函数，各个指标的阈值上限见附录D。其中，$f(x)$ 为隶属函数，x 为土壤属性测定值，x_0 为指标阈值的上限。

$$f(x)=\begin{cases}1 & (x\geqslant x_0)\\ \dfrac{x}{x_0} & (x<x_0)\end{cases} \tag{6-1}$$

（2）抛物线形隶属函数。部分土壤性质与生产力之间呈现抛物线形变化，即在一定范围内评价指标的数值增长有利于生产力的提高，当超过这个范围时数值越大越不利于作物生长。土壤 pH 属于这个函数，不同作物最适土壤 pH 见附录 D。其中，$f(x)$ 为隶属函数，x 为土壤属性测定值，a_1、b_1、a_2、b_2 依次为 4 个转折点。

$$f(x)=\begin{cases}\dfrac{x-a_1}{b_1-a_1} & (a_1<x<b_1)\\ 1 & (b_1\leqslant x\leqslant b_2)\\ \dfrac{a_2-x}{a_2-b_2} & (b_2<x<a_2)\\ 0 & (x\leqslant a_1 \text{ 或 } x\geqslant a_2)\end{cases} \tag{6-2}$$

（3）曲线形隶属函数。对于没有上限或最适范围的土壤健康指数采用数据库的平均值和标准差计算累积正态分布评分函数。其中，p 是概率，p 的范围在 0 和 1 之间，测量值 x 将在从 $-\infty$ 到 $+\infty$ 的间隔内，μ 和 σ 分别是数据集中每个指标的平均值和标准差。其中，0.25～2 mm 土壤团聚体、微生物生物量碳、微生物生物量氮、微生物呼吸、蔗糖酶、脲酶、磷酸酶、过氧化氢酶、土壤微生物多样性、土壤蚯蚓多样性等指标属于“越多越好”的评分函数，土壤硬度、土壤容重和根结线虫数量指标属于“越少越好”的评分函数。

$$p=f(x,\mu,\sigma)=\frac{1}{\sigma\sqrt{2\pi}}\int_{-\infty}^{+\infty}\mathrm{e}\frac{-(x-\mu)^2}{2\sigma^2}dx \tag{6-3}$$

（二）土壤健康指标权重确定

采用偏相关分析来确定权重系数：①计算单个土壤健康指标

之间的相关系数，构建相关系数矩阵 $\mathbf{A}$（式 6－4），然后由相关系数矩阵求其逆矩阵 $\mathbf{A}^{-1}$（式 6－5），最后由逆矩阵求出偏相关系数 a_{ij}；②计算土壤健康指标与其他指标之间的偏相关系数的平均值 A_i，然后算得这个平均值占所有平均值之和的比值，将其作为该项指标对土壤健康指标的贡献，就得到各项土壤健康指标的权重值（W_i）。最后，算出各项土壤健康指标的权重系数。

$$\mathbf{A}=\begin{pmatrix} a_{11} & a_{12}\cdots & \cdots & a_{1m} \\ a_{21} & a_{22}\cdots & \cdots & a_{2m} \\ \cdots & \cdots & \cdots & \cdots & \cdots \\ \cdots & \cdots & \cdots & \cdots & \cdots \\ a_{m1} & a_{m2}\cdots & \cdots & a_{mm} \end{pmatrix} \tag{6-4}$$

$$\mathbf{A}^{-1}=\begin{pmatrix} c_{11} & c_{12}\cdots & \cdots & c_{1m} \\ c_{21} & c_{22}\cdots & \cdots & c_{2m} \\ \cdots & \cdots & \cdots & \cdots & \cdots \\ \cdots & \cdots & \cdots & \cdots & \cdots \\ c_{m1} & c_{m2}\cdots & \cdots & c_{mm} \end{pmatrix} \tag{6-5}$$

$$a_{ij}=\frac{-c_{ij}}{\sqrt{c_{ij} * c_{jj}}} \tag{6-6}$$

五、计算农田耕地土壤健康指数

采用加权综合法对土壤健康指数进行计算，土壤属性指标的得分与对应的权重乘积之和即为土壤健康指数，具体见式（6－7）。其中，SHI 是土壤健康指数，W_i 是指标权重，S_i 是指标得分，n 是土壤健康评价的指标总数。

$$SHI=\sum_{i=1}^{n}(W_i \times S_i) \tag{6-7}$$

六、农田耕地土壤健康等级划分

根据各指标分值计算出土壤健康指数，并对土壤的综合健康状况给予定性评级（等级从低到高分别为：很低、低、中等、高、很高，表 6－4）。

表 6－4　农田耕地土壤健康等级表

土壤健康指数	＜0.4	0.4～0.55	0.55～0.70	0.70～0.85	＞0.85
土壤健康等级	很低	低	中等	高	很高

七、土壤健康生物学评价指标体系构建

依据土壤生物学评价多功能性指标的重要性和代表性（表 6－5），分三个层次：

第一层：土壤生物组成和多样性。土壤主要生物包含微生物、蚯蚓和线虫等。

第二层：线虫密度、组成和多样性，蚯蚓生物量、组成和多样性。

第三层：核心指标包含蚯蚓和线虫密度、形态学鉴定蚯蚓和线虫组成；补充指标包含分子生物学鉴定土壤微生物、蚯蚓、线虫组成。

表 6－5　土壤质量和土壤健康生物学评价指标体系

第一层	第二层	第三层核心指标	第三层补充指标
1. 土壤微生物生物量	土壤微生物生物量	土壤微生物生物量碳	
	土壤微生物绝对丰度（荧光定量、PCR 定量）	细菌绝对丰度 真菌绝对丰度 古菌绝对丰度	固碳菌绝对丰度 固氮菌 DNA 丛枝菌根菌 DNA
2. 土壤微生物活性	土壤呼吸强度	葡萄糖底物诱导呼吸强度	呼吸商
	土壤典型碳、氮、磷转化酶活性	碳：多酚氧化酶活性 氮：氨单加氧酶活性 磷：磷酸酶活性	碳：β－葡萄糖苷酶活性 氮：脲酶活性、硝酸还原酶活性

（续）

第一层	第二层	第三层核心指标	第三层补充指标
3. 土壤微生物组成和多样性	第二代高通量测序土壤微生物群落物种组成和多样性	细菌、真菌、古菌群落组成 细菌、真菌、古菌α多样性（Shannon 指数、Chao1 Richness 指数、Eveness 指数）	细菌、真菌、古菌群落β多样性（基于 Bray－Cwtis 的非度量多维尺度分析 NMDS 以及 PCA 分析） 优势功能微生物（纤维素分解菌、硝化细菌、亚硝化细菌、固氮细菌、解磷菌、解钾菌、青枯菌、尖孢镰刀菌）组成
4. 土壤生物功能多样性	宏基因组测序土壤微生物功能多样性	土壤养分循环功能基因α多样性（Shannon 指数、Chao1 Richness 指数、Eveness 指数）	土壤养分循环功能基因β多样性（基于 Bray－Cwtis 的 NMDS 以及 PCA 分析） 土壤耐逆（盐碱、酸、旱等逆境）功能基因相对丰度
5. 土壤动物组成和多样性	线虫密度、组成和多样性	线虫密度 形态学鉴定线虫组成（植食性线虫、食细菌线虫、食真菌线虫捕食类线虫、杂食性线虫）分子生物学鉴定线虫组成	分子生物学鉴定线虫组成
	蚯蚓生物量、组成和多样性	蚯蚓生物量 蚯蚓形态学鉴定组成（表栖类、内栖类和深栖类）	分子生物学鉴定蚯蚓组成

第二节 土壤生物学性状评价与健康土壤培育

随着全球人口日益增长和气候变化对粮食生产的影响，保障土壤健康、促进健康食物生产已成为全球现代可持续农业发展面临的重大挑战。人类95%的食物来自土壤，土壤健康是保证作物生产和农业绿色发展的基石。健康土壤具有多功能性，在保证产量的同时，还能调节养分和水分供应，提高作物抗病虫害能力，而且还能提供包括增加生物多样性在内的多重生态系统服务功能。在过去30年间，我国农业得到快速发展，在保障粮食安全方面取得了巨大成就，却面临着投入大、资源效率低、环境代价高等食物健康生产问题，严重制约了我国农业绿色发展。

农业绿色发展是农业现代化的必由之路，土壤健康是农业绿色发展的基石。健康土壤培育的核心是消除土壤障碍因子，深入挖掘土壤生物学潜力，增碳提高资源利用效率，强化生物学过程，协同地上和地下生物互作。通过优化土壤内部调节过程，最小化外部投入，以实现土壤生产功能和其他生态服务的同步提升。健康土壤的培育是一个系统工程，需要对投入品-生产过程-产品品质-产品加工-废弃物循环等全产业链进行系统综合考虑，多学科交叉创新，政产学研用一体化联合攻关，同时还需要政策保障和激励措施，需要全社会行动起来。

耕地是粮食生产的命根子，保障国家粮食安全的根本在耕地，提升耕地土壤健康水平迫在眉睫。2019年农业农村部发布的《全国耕地质量等级情况公报》结果显示，我国中低产田面积约占耕地总面积的70%，这些中低产田有机质含量低、酸化较严重、耕层浅薄、盐碱化严重等问题突出，水资源禀赋不匹配、农业基础薄弱、产能低而不稳，已成为国家粮食和农产品持续有效供给的短板。河北省位于黄淮海区，是我国重要的粮食生产区，在保障粮食安全方面发挥着极其重要的作用。2021年河北省农业农村厅印发的《关于河北省耕地质量监测报告》显示，河北省耕地在黄淮海区处于中等偏上水平，为国家“藏粮于地”的实施贡献了重要力量。但河北省耕地土壤基础肥力水平总体仍处在中等偏低水平，近70%土壤有机质含量在中等以下水平（<20 g/kg），扩容增碳固碳潜力存在很大的提升空间；农户平均氮肥用量为玉米 215 kg/hm^2、小麦 229 kg/hm^2，年盈余量 255 kg/hm^2，氮肥回收率仅 30%，存在潜在环境风险；土壤肥力不均衡问题仍然突出，高低肥力并存；耕层平均厚度为 14.7 cm，土壤容重较大（平均值为 1.40 g/cm^3），土壤结构不良，物理性状有待进一步改善。人均水资源量为全国1/10，灌溉用水量大，超量开采使地下水位迅速下降。在农业绿色发展的新时期，提升土壤碳固持能力，助力实现“双碳”目标，维持土壤生态多功能性，持续保持较高的生产力具有重要的战略意义。河北作为重要的粮食产区，不仅肩负着京津地区粮食供应，而且在保障生态稳定性方面发挥着重要作用，因此河北省全域耕地土壤健康的提升迫在眉睫。

目前，我国缺乏农田耕地土壤健康评价指标体系，成为制约农业绿色发展的重要“瓶颈”。明确土壤健康现状，开展健康系统诊断并形成预警体系是健康土壤培育的核心和关键，也是土壤可持续管理的重要内容。以往人们基于单一土壤功能即土壤肥力（质量）目标开展了大量的评价工作，忽视了土壤其他功能；评价指标大多聚焦于土壤化学、物理要素，土壤生物学特性被忽视；评价多基于静态监测，对过程监测较少。然而，土壤是一个复杂有活力的生态系统，土壤的物理、化学和生物学性质在时间和空间上互作，这种多组分的动态过程直接影响土壤功能的发挥。同时，土壤受外界气候条件和人类活动的影响显著。随着我国对粮食安全、“双碳”目标、生态文明建设和地球生命共同体构建的广泛关注，以及农业绿色发展的需求，耕地土壤不再仅具备支撑作物产量的功能，还需要保证优质高效、调节水分循环和气候、净化空气、维持生物多样性等多种功能，因此需要对现有指标体系和方法进行完善，建立适合河北省自然禀赋特征和农业绿色发展需求的土壤健康指标和评价体系，对河北省耕地产能提升、保障粮食安全和农业绿色可持续发展具有非常重要的意义。

本书提出的土壤健康评价规程选择的指标涵盖了土壤物理、化学和生物学指标，尤其是新型生物学指标，可以更加全面地反映土壤健康状况；同时突出了土壤健康-耕地产能-土壤多功能三者的权衡，是一种多目标协同的评价体系。它不仅涉及土壤健康评价操作过程，并对主要的生物障碍因子提出了健康土壤在微生物、蚯蚓及线虫等主要方面的提升途径。

一、土壤微生物的应用技术

微生物由于具备生长周期短且易于大规模培养等优点，因此被作为一种重要的资源长期应用于农业生产的各个领域，近年来以微生物肥料、微生物农药等为代表的新型农业技术取得了长足进步。与此同时，微生物在环境领域也显示了巨大的应用潜力，包括环境监测、土壤修复、固废处理、水气净化等方面。限于本书篇幅，本章仅简要介绍微生物肥料、微生物农药以及微生物修复等与土壤健康及农业生产密切相关的应用技术。

（一）微生物肥料

微生物肥料的原理是利用微生物的生命活动来增加土壤中氮素或有效磷钾等的含量，或将土壤中一些作物不能直接利用的物质转换成可被吸收利用的营养物质，或为作物提供生长刺激物质，或抑制植物病原菌的活动等，从而提高土壤肥力、改善作物营养、增加作物产量，保持土壤微生物多样性等。国家农业行业标准《微生物肥料术语》（NY/T 1113—2006）对微生物肥料的定义为：含有特定微生物活体的制品。应用于农业生产中，通过其所含微生物的生命活动，增加植物养分的供应量或促进植物生长，提高产量，改善农产品品质及农业生态环境。微生物肥料肥效的发挥既受其自身质量因素（如所含有效菌数、活性大小等）的影响，又受外界其他生态因子（如土壤水分、有机质、pH 等）的制约，所以在选择和应用上都应注意合理性。

在施用上，微生物肥料应与当地耕作、水分管理等农业技术措施密切配合，一般不与化学肥料同时施用。此外，微生物肥料宜单独储存，不宜久置，最好随制随用、随买随用，施用前应存放在阴凉干燥处低温保存，以免降低其存活率，避免受热、受潮及阳光直接照射。施用方法一般有拌种、浸种、蘸根、基施、追施、沟施和穴施，以拌种最为简便、经济、有效。拌种是先将固体菌肥加清水调至糊状，或液体菌剂加清水稀释，然后与种子充分拌匀，稍晾干后播种，并立即覆土。种子需要消毒时应选择对微生物肥料无影响的消毒剂，同时做到种子先消毒后拌菌剂。

目前，微生物肥料主要包括微生物接种剂（图 6-1）、复合微生物肥料和生物有机肥等，生产中常用的微生物接种剂有固氮菌类、解碳菌类、解钾菌类、光合细菌类、菌根真菌类、抗生菌类、根际促生菌类及复合菌类等。

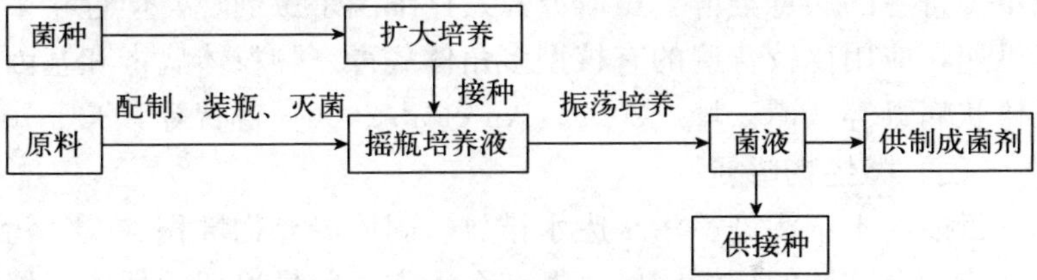

图 6-1　微生物接种工艺流程图

（二）微生物农药

微生物农药具有对生态环境友好、无残留、不宜产生抗药性、对人畜安全无害等优势，是维护土壤健康的农药重要发展方向之一，主要包括微生物杀虫剂、农用抗生素和微生物除草剂三大类。

微生物杀虫剂主要包括：细菌制剂如苏云金杆菌（*Bacillus thuringiensis*，Bt）、青菌等，真菌制剂如白僵菌、霉菌制剂等，病毒制剂如杆状病毒等。目前被登记作为农药的微生物杀虫剂有细菌 8 种、真菌 10 种、病毒 17 种，均已投放市场。其中，苏云金杆菌杀虫剂是目前研究最深入、应用最广泛和产量最大的微生物杀虫剂。事实上，细菌杀虫剂有 100 多种，其中被开发成产品投入实际使用的除了 Bt 菌剂以外，还有球形芽孢杆菌（*Bacillus spheri-*

cus)、日本金龟子芽孢杆菌（*Bacillus popilliae*）和缓病芽孢杆菌（*Bacillus lentimorbus*），其中日本金龟子芽孢杆菌和缓病芽孢杆菌分别能使蛴螬产生A型乳状病和B型乳状病，从而发挥杀虫作用，而球形芽孢杆菌毒株对库蚊、按蚊有强毒性。

已记载的杀虫真菌约有100属800多种，目前研究较多的主要有白僵菌、绿僵菌、拟青霉、座壳孢菌和轮枝菌等。白僵菌是我国研究时间最长和应用面积最广的真菌杀虫剂，具有较广的杀虫谱，能寄生于700多种昆虫和13种螨类，大面积用于防治松毛虫、玉米螟和水稻叶蝉等害虫，主要有球孢白僵菌（*Beauveria bussiana*）和卵孢白僵菌（*Beauveria tenella*）等。绿僵菌也是一种广谱的昆虫病原菌，如金龟子绿僵菌（*Metarhiziumanisopliae*）可用于防治地下害虫、天牛、飞蝗、蚊幼虫等。此外，病毒杀虫剂是一类以昆虫为寄主的病毒类群，虽研究开发比细菌杀虫剂晚，但近年来发展迅速，应用比较普遍的有核型多角体病毒、颗粒体病毒和基因工程棒状病毒等（谭云峰，2005；An et al. 2006；曾智等，2008）。

（三）微生物修复

目前，土壤污染、污水废水排放、固体废弃物堆积、大气污染等已成为全球性的环境问题。摆在全人类面前最迫切的任务是修复已遭破坏的地球，保持人类与大自然的和谐相处以及经济和社会的可持续发展。土壤微生物由于具有高比表面值、繁殖迅速、种类繁多、代谢类型多样、易变异、适应性强等特点，在环境治理和保障土壤健康中可发挥不可替代的巨大作用。例如，对于受污染土壤，微生物修复技术利用天然存在的或人工培养的微生物功能群（包括土著微生物、外来微生物和基因工程菌三大类），在适宜环境条件下，通过促进或强化微生物代谢功能，从而达到降低有毒污染物活性或将有毒污染物降解成无毒物质的目的，现已成为污染土壤微生物修复技术的重要组成部分和生力军。

微生物修复可分为原位（生物通气法、耕地处理等）和异位（堆肥法、生物反应器等）两种，前者是指对污染土壤在污染地原位进行修复，修复过程主要依赖于污染土壤自身或外源微生物的自然降解能力和人为创造的合适降解条件；后者是指将污染土壤搬动或输送到他处进行修复，但搬动和输送是低限度的，而且更强调人为控制和创造更加优化的降解环境。目前一般多采用原位修复，但异位修复具有更多人为调控和优化处理的特点，在受污染土壤较浅、易于挖掘或污染地球化学特性阻碍原位修复的情况下，可采用异位修复（Susan，1993；Frodrickson，1993；丁克强等，2000；孙铁珩等，2001；王红旗等，2006）。比如微生物对有机污染物的降解、对重金属（或类金属）的转化、对生物污染的防治以及对复合污染的修复等。

二、土壤蚯蚓的应用技术

（一）蚯蚓改良土壤

在人类未来到地球之前，蚯蚓已耕耘了地球亿万年。对于蚯蚓改良土壤、维护土壤健康方面的研究工作，国内外已有不少报道。达尔文最早提出了蚯蚓具有改良土壤、促进植物生长的学说，他曾说过：犁是人类最古老而又最有价值的发明物之一，可是，远在人类出现以前，土地早已被蚯蚓耕耘过了。蚯蚓穴居在土壤中，不断挖洞掘土，将有机物和深层土“耕翻”到土壤表面，因此被人们誉为“活犁耙”或“生物犁”，这是对蚯蚓恰如其分的评价。达尔文曾推论：如果每英亩（约 4 046.9 m^2）地里有 5 万条蚯蚓，预计它们每年可以排出 7.68～18.41 t 的粪便，如果将之平铺在地面上，那么经过 10 年就可以铺上一层厚 2.54～3.81 cm 的蚯蚓粪。

蚯蚓以泥土和有机物为食，可以将大块的泥土磨碎，使土壤变得疏松、透水、通气，从而改变土壤的物理性状。土壤和食物经过蚯蚓的分解和转化，成为有高度肥力的蚯蚓粪，从而改变土壤的化学性质。因此，蚯蚓不仅可以改良土壤，还可改善环境卫生。

在我国，濮璚教授最早研究蚯蚓肠的消化作用和对土壤化学性质的影响，她认为：通过蚯蚓的消化道以后，蚯蚓吞入的土壤（称为母土）变成有效磷、有效钾、总氮量、含钙率和氨氮率均高的粪土排出来，而这些物质对农作物的生长是有利的（表 6-6）。

表 6－6　母土与蚯蚓粪土内各种物质含量的比较

项目	有效磷（%）	有效钾（%）	钙（%）	总氮（%）	氨氮（%）	有机物（%）
母土	37.311	0.019	1.954	0.054	0.003	1.203
蚯蚓粪	53.852	0.029	2.368	0.151	0.005	1.521

近年有报道，蚯蚓对土壤结构形成的速度、形态和微结构影响的观测研究及蚯蚓团聚体的性质和有机无机复合体的电子显微观察表明，蚯蚓粪具有较高的水稳定性以及优良的供肥、保肥能力，称之为“微型的改土车间”。实验结果表明，在有蚯蚓粪的土壤中种植豌豆、油菜、黑麦、玉米、马铃薯，可分别增产 3 倍、62 倍、6 倍、25 倍、164 倍、1.35 倍。

由此可见，利用蚯蚓不仅能改变土壤的物理性状，还可以改善土壤的化学性质，使板结贫瘠土壤变成疏松多孔、通气透水、保墒肥沃，且能促进作物根系生长的高产土壤。如此，既可以免耕或少耕，又可以提高土壤肥力，从而节省劳动力，节约能源和增加产量。

（二）蚯蚓粪的应用

自然界的各种有机废弃物经发酵后，成为蚯蚓的食物，在蚯蚓消化系统蛋白酶、脂肪酶、纤维素酶和淀粉酶的作用下，迅速分解，转化为自身或易于其他生物利用的营养物质，经排泄后成为蚯蚓粪。蚯蚓粪又称作蚯蚓肥、蚯蚓有机肥，富含氮、磷、钾、有机质和腐殖质，以及各种微量元素，其肥力比普通的畜禽粪更高。此外，蚯蚓粪中还富含细菌、放线菌和真菌，这些微生物不仅使复杂物质矿化为植物易于吸收的有效物质，而且能合成一系列有生物活性的物质，如糖、氨基酸、维生素等，这些物质的产生使蚯蚓粪具有许多特殊性质。而且蚯蚓粪无异味，对人畜和植物无灼伤，在任何浓度下，即使是非常娇贵的种子或者是花坛植物，也不会因过量而被灼伤。

蚯蚓粪作为果树、蔬菜、苗圃花卉和粮食作物等的肥料，在种植业上起到很好的作用，具明显的增产效果。例如，在广西隆安县、都安县的两个火龙果基地，利用蚯蚓粪作基肥和追肥，种出来的火龙果颜色鲜红、味道鲜美，每 666.7 m^2 火龙果增产 10%～20%，甜度增加 25%左右，单果重增加 10%左右，大果率增加 8%左右。由于火龙果甜度增加、果大、颜色漂亮、卖相好，深受消费者的欢迎，销售价就高。综合计算，使用蚯蚓粪比普通农家肥每亩多收入 1 200～1 800 元。需要注意的是，蚯蚓粪施用时，可用地膜覆盖，以免被雨水冲走造成浪费。

1. 蚯蚓粪的成分 蚯蚓粪的成分因季节和原材料配比的不同略有差异，但养分齐全，肥效显著，充分体现了蚯蚓粪的功效和特性。

蚯蚓粪养分全面。纯蚯蚓粪有机肥不仅含有氮、磷、钾等大量元素，而且含有铁、锰、锌、铜、镁等多种微量元素和 18 种氨基酸，有机质含量和腐殖质含量都达到 30%左右，每克含微生物有益菌群在 1 亿个以上，还含有颉颃微生物和未知的植物生长素。这是一般化学肥料、有机肥及微生物肥所无法比拟的。

判断土质肥沃程度的首要标准是土壤中有机质的含量，如果不提高土壤有机质含量，那么提高产量、改善品质、减少化肥用量、降低成本就无从谈起。蚯蚓粪有机肥的有机质含量约 30%，而且有机质经过 2 次发酵和 2 次动物消化，所形成的有机质质量高，易溶于土壤并被植物吸收，可促进土壤团粒结构形成，提高土壤通透性、保水性、保肥力，利于微生物的繁殖，使土壤吸收养分和储存养分的能力增强，从源头上解决化肥施用次数多、量大、易流失、利用率低等问题。经蚯蚓消化后的有机质颗粒细小，表面积比消化前提高 100 倍以上，能使土壤与空气接触更多，从根本上解决土壤板结的问题。据国内研究机构的研究成果可知，每 1 kg 蚯蚓粪肥效等同于 10 kg 农家肥，既经济实惠又方便施用。

（1）肥效成分含量。详见表 6 - 7。

表 6-7 蚯蚓粪肥效成分含量

项目	全氮(%)	全磷(%)	全钾(%)	有机质(%)	腐殖质(%)	有益菌群(个/g)	pH
含量	0.95～2.5	1.1～2.9	0.96～2.2	25～38	21～40	0.2×10^8～2×10^8	6.8～7.1

（2）营养成分。蚯蚓粪的主要特点是粗灰分含量高，粗蛋白含量远高于禾本科秸秆，而接近或超过豆科秸秆，是畜禽的良好饲料之一。详见表 6-8。

表 6-8 蚯蚓粪营养成分含量（风干）

项目	吸附水	粗脂肪	粗纤维	粗蛋白	粗灰分	无氮浸出物	钙
含量(%)	4.60～5.20	0.59～0.65	5.10～6.20	5.10～21.70	70.80～73.55	12.15～13.95	3.60～4.20

（3）矿物质微量元素含量。详见表 6-9。

表 6-9 蚯蚓粪微量元素含量（mg/g）

项目	铁（Fe）	锰（Mn）	锌（Zn）	铜（Cu）	镁（Mg）
含量	3 100～3 200	210～250	2.5～3.1	20.1～21.1	8 400～8 530

（4）氨基酸含量。蚯蚓粪所含氨基酸种类在 16～18 种，风干物中的含量见表 6-10。

表 6-10 蚯蚓粪氨基酸含量（风干，%）

项目	含量	项目	含量
天门冬氨酸	0.50～0.60	苏氨酸	0.20～0.35
丝氨酸	0.30～0.51	谷氨酸	0.40～0.65
甘氨酸	0.10～0.20	丙氨酸	0.35～0.75
缬氨酸	0.30～0.40	蛋氨酸	0.10～0.15
异亮氨酸	0.15～0.18	亮氨酸	0.25～0.33

（续）

项目	含量	项目	含量
酪氨酸	0.10～0.15	苯丙氨酸	0.20～0.25
赖氨酸	0.18～0.23	组氨酸	0.00～0.10
脯氨酸	0.16～0.19	胱氨酸	0.00～0.12
色氨酸	0.20～0.23	精氨酸	0.11～0.16

（5）微生物含量。蚯蚓饲料采用EM菌群发酵，经蚯蚓体内砂囊磨碎后，其表面积大大增加，便于微生物快速转化，在整个消化过程中微生物与蚯蚓相互依存、互相促进，既利于蚯蚓吸收营养，又利于有益微生物的迅速增加。

（6）颉颃微生物。经检测，蚯蚓粪中正常情况下含有至少2种颉颃微生物（球孢链霉菌和丁香苷链霉菌），对土传真菌植物病害有一定的控制作用。

2. 蚯蚓粪的功能　纯蚯蚓粪有机肥具有颗粒均匀、干净卫生、无异味、吸水、保水、透气性强等物理特性，是有机肥和生物肥在蚯蚓体内自然结合的产物，能提高植物光合作用，保苗、壮苗，抗病虫害、抑制有害菌和土传病害，明显改善土壤结构，提高肥力和彻底解决土壤板结问题，在提高农产品品质，尤其是茶、果、蔬类产品的品质方面效果显著。

（1）富含微生物菌群，提高作物抗病防病能力，保护土地生态环境。沙漠与耕地的区别除了有机质含量外，更重要的是耕地中含有大量的有益微生物。我国的耕地由于长期单施化肥和大量使用农药，使土壤中的有机质、微生物量降低。采用大量有益微生物菌群（EM）对动物排泄物进行2次发酵，然后投喂蚯蚓，在通过消化道时，随食物进入体内的真菌营养体及大部分细菌被杀死，只有真菌孢子和部分细菌仍保持活力，生长缓慢的细菌通过消化道后群体下降，而生长快的细菌在消化道内迅速繁殖，在蚯蚓排泄物中的群体数量甚至会超过进入蚯蚓体时的数量。

蚯蚓粪有机肥中微生物含量在1亿个/g左右，还含有至少2种颉颃微生物，施入土壤后，可迅速抑制有害菌的繁殖，有益菌得以繁殖扩大，减少土传病害的发生，使农作物不易生病，同时增加植物根部的固氮、解钾、解磷的能力。研究表明，大量微生物的代谢能改善土壤的理化性质，使土壤成分多样化并易于吸收，提高土壤在有机物和无机物之间能量转换的动力，保护土地生态环境。

（2）可调节土壤酸碱度，提高土壤的供肥能力。蚯蚓粪有机肥的腐殖酸含量在21%～40%，并且含有多种消化酶与中和土壤酸碱度的菌体物质，能提高土壤中性磷酸酶、蛋白酶、脲酶和蔗糖酶的活性，从而提高土壤的供肥能力，改善土壤结构和平衡酸碱度，最终体现在作物的生长发育、产量及品质上。且其所含的腐殖酸是有机质经蚯蚓消化后生成的，不同于一般有机肥中的腐殖酸，因为蚯蚓把许多有机营养成分消化转变为简单、易溶于水的物质，更容易被植物摄取，这是其他有机肥料无法达到的。

（3）抗旱保肥，促根壮苗。在施用蚯蚓粪有机肥后，作物明显表现出抗旱能力提高，特别是作物的根系尤显发达，从而使作物在壮苗、抗倒和抗病等方面表现突出。

（4）重茬不减产。多年的试验表明，在连续使用蚯蚓粪有机肥后，可使重茬不减产，对于薯类作物产量甚至一年比一年高。

（5）明显改善作物品质，恢复农产品的自然风味。蚯蚓粪有机肥同时具有生物肥、生物有机肥、有机肥、氨基酸肥、腐殖酸肥、菌肥的特点，但又不是这些肥料的简单组合，是蚯蚓亿万年进化过程中逐渐形成的最适合植物生长的组合。应用表明，蚯蚓粪有机肥在提高作物品质，合理增加作物的蛋白质、氨基酸、维生素和含糖量，恢复农产品的自然风味等方面效果突出，明显优于使用上述单一肥料组合的效果。

（6）应用范围广，使用方便、清洁。蚯蚓粪有机肥适用于各种农作物，既可作基肥，也可作追肥，可用于高级花卉营养土、草坪栽培，还可作为无土栽培的基质，无臭、无味，干净卫生，不会发生烧苗现象。蚯蚓粪有机肥所含粗蛋白在5.1%～21.7%之间，远高于禾本科秸秆，而接近或超过豆科秸秆，而且含有18种氨基酸和大量改善水质的微生物菌群（EM），是各种动物的良好饲料。

综上所述，施用蚯蚓粪有机肥后可改善土壤物理性能，使黏土疏松、使沙土粘连；促进土壤内空气流通，加速微生物繁殖，有利于植物吸收养分；增强土壤保水、保肥性，防止土壤养分流失；能吸着盐基成分起交换作用，防止过量使用化肥带来的危害；能分解土壤中的矿物质，供植物利用；与其他化学肥料配合，肥效长久；对植物、人、畜无害，还可以增强植物对病虫害的抵抗力，抑制植物土传病害，改善作物品质，恢复农产品的自然风味。

3. 蚯蚓粪作为肥料的使用方法　蚯蚓粪质轻、粒细均匀，无异味，干净卫生，保水保肥，营养全面，可用于各种植物，基质可用于名贵鱼虾的养殖。由于蚯蚓粪价格相对较高，目前的主要应用范围有：有机茶种植，有机水果、蔬菜种植，花圃、花卉营养土或追肥，草坪卷营养土或追肥，土壤改良介质，高尔夫球场、足球场营养土或追肥，家庭盆花、温室花卉、高档花卉栽培基质，名贵细小种子培养基，无土栽培基质，轻型屋顶花园，新栽培或新移植的乔木、灌木促生营养土；虾塘、跳鱼塘育肥等。具体使用方法如下。

（1）每个蔬菜坑放半杯蚯蚓粪或1～2个月施一次（每棵半杯或每尺一杯）。

（2）新栽培或新移植的乔木、灌木，可按1份蚯蚓粪、3份园土的比例混合遍施坑内，再栽入植物，覆土浇水即可。

（3）作为配方营养土，一般按1份蚯蚓粪、3份土壤的混合比例施用。

（4）在花盆中按1份蚯蚓粪、3份园土的比例拌入蚯蚓粪后种花，1～2年内不需追施任何肥料，也无须翻盆换土。也可每2～3个月在盆土表面轻轻拌入1～2杯（约100 g）蚯蚓粪。

（5）新草坪以每平方米0.5～1 kg蚯蚓粪，轻轻施入表皮土壤，然后用碎稻草覆盖好已点播草坪种的土壤，保持湿度。

（6）球场、运动场草坪以每10 m^2 2 kg蚯蚓粪，均匀散施在草坪表层即可。

（7）果、花或生病的盆栽植物：把 1 份蚯蚓粪浸泡在 3 份水中 24 h 以上，制成混合物，施于植物、果或花的表面。

（8）茶叶种植以每 2～3 个月每棵施 200～300 g 于根部，然后覆土即可。

（9）一般经济作物，每 667 m^2 每茬施用 100～200 kg（建议 70%作基肥，30%作追肥），同时可按 1∶（1～3）的比例相应减少化肥的用量，施用 2 年以后，可进一步降低化肥用量。果树的年用量可提高到每 667 m^2 200～300 kg，花卉可降到 100 kg 左右。其他作物的用量可根据地力情况适当增减。

三、土壤线虫的防治策略

（一）当前生产中线虫病害防治存在的突出问题

线虫病害发生非常普遍，防治任务艰巨，突出问题表现为“难防治”“难负担”“难操作”。传统的防治药剂和技术对土壤健康产生较大的负面影响，难以满足我国农业绿色生产和可持续发展的需要，现有的可供选择的杀线虫剂种类比较少，长期使用单一杀线虫剂出现不同程度的抗药性。

由于线虫危害隐蔽，不易察觉，因此农民对作物线虫病缺乏认识，重视不够。当病害发展到一定程度，地上部才会表现出症状，但此时根部危害已非常严重，而线虫病一旦发生，难以根除。当前生产中线虫病害防治存在突出问题，线虫病害防治已经成为生产中迫切需要解决的难题。植物线虫防治主要从抗、避、治、除 4 个方面展开。

（二）防治策略

1. 非化学防治　包括嫁接技术、太阳能消毒技术、蒸汽消毒技术等，非化学防治线虫技术的产生成为维护土壤健康的重要发展方向。

以蒸汽消毒技术为例（温室大棚内及室外农场蒸汽消毒见图 6 - 2 和图 6 - 3）做简要介绍。

蒸汽消毒法与化学熏蒸剂相比具有下列优势：它是通过高压密

图 6-2　温室大棚内蒸汽消毒杀菌

图 6-3　室外农场蒸汽消毒杀菌

集的蒸汽，杀死土壤中导致植物受害的真菌、细菌、昆虫、线虫以及杂草。此外，蒸汽消毒法还可使质地黏重的土壤土形成团粒，提高了土壤的排水性和通透性。蒸汽消毒具有高效、清洁、无毒、无残留、处理后短期内即可播种以及能消毒无土基质等优点。详情如下：

（1）消毒速度快。通常蒸汽消毒只需用高压蒸汽持续处理土壤，使土壤保持 70 ℃、30 min 即可达到杀灭土壤中病原菌、线虫、地下害虫、病毒和杂草的目的。蒸汽消毒后，土壤会很快变凉，适宜种植；而化学熏蒸剂处理后需要等待一段时间后才能种植。这对于提高土地利用率、减少闲置时间有着积极的意义。

（2）更均匀有效。蒸汽消毒法渗透更均匀、有效，可以杀灭所有的病原体和杂草种子等，而传统甲基溴等化学制剂消毒对导致黄萎病的轮枝菌效果很差。

（3）无残留药害。采用 70 ℃处理含肥料的土壤，不会产生毒化作用，而化学处理法如果散气时间太短时，残留物可能导致作物发生药害。

（4）对人、畜安全。蒸汽消毒不会危害附近的居民和家畜，可以在居住地附近安全使用。

（5）无有害生物的抗药问题。当长期使用同一种化学药剂时，有害生物通常会产生抗药性，而蒸汽消毒无此问题。因此，土壤蒸汽消毒法是一种可行的替代传统甲基溴等化学制剂的技术，在欧洲和美洲等地应用广泛，特别是在一些温室和小范围的苗床中使用更具优势。

2. 化学防治 线虫化学防治具有速效、不影响耕种、兼治其他病虫害的特点，但如使用不当会造成农残超标、土壤环境污染、易产生抗性等问题。

（1）全球重要的杀线虫剂（表 6-11）。

表 6-11 全球重要的杀线虫剂

活性物质	化学组分
涕灭威*	氨基甲酸肟酯
克百威*	氨基甲酸酯
硫线磷**	有机磷类
棉隆	甲基异硫氰酸酯释出物
1,3-二氯丙烯	卤代烃
灭线磷*	有机磷
苯线磷**	有机磷
噻唑膦	有机磷
威百亩	甲基异硫氰酸酯释出物
杀线威	氨基甲酸肟酯

注：*为我国在部分范围禁止使用的农药；**为我国已禁止（停止）使用的农药。

(2) 全球主要线虫和作物的杀线虫剂市场份额(表 6-12)。

表 6-12 全球主要线虫和作物的杀线虫剂市场份额

线虫类群	占比(%)	作物名称	占比(%)
根结线虫	48	蔬菜	38
孢囊线虫	30	马铃薯	25
其他	22	香蕉	9
		烟草	8
		甜菜	6
		其他	14

3. 杀线虫剂类别

(1) 熏蒸性杀线虫剂。主要包括棉隆、威百亩、硫酰氟、异硫氰酸烯丙酯(AITC)、二甲基二硫(DMDS,正在登记中)、1,3-滴(未登记)、碘甲烷(未登记)、乙二腈(未登记)、磷化铝(未登记)、叠氮化物(未登记)。

其中在生产中应用较多的杀线虫剂如下。

威百亩:我国推广不错,防治大棚土传病害。

棉隆:20 世纪 90 年代开始推广,目前继续扩大推广使用。

氯化苦:高毒,正在研究替代产品。

(2) 非熏蒸性杀线虫剂。主要包括阿维菌素、噻唑膦、灭线磷、氟吡菌酰胺、三氟咪啶酰胺(未登记)、氟噻虫砜、Benclothiaz(未登记)、Imicyyafos(未登记)、涕灭威(高毒)、克百威(高毒)。

(3) 生物杀线虫剂。生物杀线虫剂主要包括淡紫拟青霉、坚强芽孢杆菌、轮枝菌、莫比霉素、南昌霉素、阿维菌素等,商品化的产品包括坚强芽孢杆菌等。

研究最多的是食线虫菌物,其次是生防细菌(穿刺巴菌、芽孢杆菌、根际细菌)。食线虫菌物又包括捕食性菌物、蠕虫状线虫内寄生菌定居型雌虫及卵寄生真菌、产颉颃物质菌物、泡囊丛枝菌根菌等。线虫细菌天敌中最重要的是巴氏杆菌，世界范围内分布广泛，有生物学多样性、寄主专化性，其次是芽孢杆菌、铜绿假单月菌、根际细菌。

4. 杀线虫剂新品种

（1）氟吡菌酰胺。氟吡菌酰胺商品名路富达，为吡啶乙基苯酰胺类杀菌剂、杀线虫剂，作用于线粒体呼吸链，通过抑制琥珀酸脱氢酶（复合物Ⅱ）的活性从而阻断电子传递，导致不能满足机体组织的能量需求，进而杀死防治对象或抑制其生长发育，属琥珀酸脱氢酶抑制剂（SDHI）类。

当线虫经氟吡菌酰胺处理后，虫体僵直呈针状，活动力急剧下降。例如，处理后 30 min 初显症状，香蕉穿孔线虫或根结线虫，受药后刚开始活动缓慢，1～2 h 后变得完全麻痹不动。氟吡菌酰胺有选择地抑制线虫线粒体中呼吸链的复合体Ⅱ。线粒体是线虫的能量工厂，其受到抑制后会导致线虫细胞中能量（ATP）很快耗尽。氟吡菌酰胺是第一个通过抑制复合体Ⅱ的杀线虫剂，它代表了一类新型作用机理的杀线虫剂。

（2）氟噻虫砜。氟噻虫砜属于氟代烯烃硫醚类化合物，开发代号 MCW - 2，其他名称有 Nimitz、联氟砜、氟砜灵等，CAS 登录号为 318290 - 98 - 1，IUPAC 化学名称 5 -氯- 1,3 -噻唑- 2 -基 3,4,4 -三氟丁- 3 -烯- 1 -基砜，经验式 $C_7H_5ClF_3NO_2S_2$，相对分子质量 291.70。

氟噻虫砜有触杀作用，能够在短时间内致使线虫麻痹停止进食，最后不可逆杀死线虫，而有机磷和氨基甲酸酯类杀线虫剂只暂时起作用。另外，氟噻虫砜还可以减少线虫卵的孵化、幼虫的成活率，减少虫卵数量。

（3）阿维菌素 B_2。阿维菌素 B_2 是在阿维菌素发酵过程中产生的另一个主要组分，经过兴柏集团创新团队分离纯化而来的全新组分，对土壤线虫的防效非常突出。自 2009 年取得阿维菌素原药正式登记后，通过构建系统的高通量筛选技术平台，筛选到一株大幅度提高 B_{1a}、B_{2a}组分的菌，并成功应用于工业化生产，分离提纯出

B_2组分。2013 年 7 月 29 日，B_2组分被全国农药标准化技术委员会正式命名，中文通用名称为“阿维菌素 B_2”。

实验证明，B_2作为一种阿维菌素新产品，杀虫谱不同于 B_1，对根结线虫、根腐线虫、孢囊线虫、茎线虫和松材线虫等植物线虫活性很高，有良好防效，对动植物体表害虫有特殊效果。

（4）三氟咪啶酰胺。三氟咪啶酰胺是由杜邦公司开发的酰胺类杀线虫剂，属于一种非熏蒸性杀线虫剂，对烟草根结线虫、大豆孢囊线虫、草莓滑刃线虫、马铃薯茎线虫、松材线虫、粒线虫及短体（根腐）线虫等有很好的防治效果。

三氟咪啶酰胺单剂虽然对植物线虫有很好的防效，但长期使用会导致线虫的抗性增强，缩短农药使用寿命。

（5）Benclothiaz。Benclothiaz 是由先正达公司研制的杀线虫剂。分子式为 CHCINS，CAS 登记号为 89583－90－4。

（6）Imicyyafos。通用名称为 imicyafos，商品名称为 Nemakick（Agro－Kanesho），是由 Agro－Kanesho Co. Ltd 开发的硫代磷酸酯类杀线虫剂。该产品为颗粒剂。Imicyafos 由不对称有机磷与烟碱类杀虫剂的氰基亚咪唑烷组合而成，具有高触杀活性和在土壤中快速扩散特点。主要用于蔬菜和马铃薯防治根结线虫、根腐线虫和孢囊线虫。

（三）线虫防治展望

1. 发生与防治现状 作物线虫病害发生呈持续上升的态势，线虫作为土传病害防治难度大，现有杀线虫剂的品种少，且多数高毒，无轮换品种选择。

目前，全球最大杀线虫剂用于蔬菜，其次是大田、特种作物。杀线虫剂产品面临挑战：不仅是要成为最好的杀线虫剂，同时又可以防地下害虫、土传病害。

我国农药市场产值约 450 亿元，而线虫药剂产值约 5 亿元，占比只有 1%左右，社会与生态的需求呼吁生物杀线虫剂的开发与应用。

2. 防治策略与技术研发趋势 杀线虫剂的开发与应用需要关

注以下问题：作物产值与应用成本，侵染时期与持效期、释放期，分布状况与施药方式，传播途径与剂型，兼顾地下害虫。

从维护土壤健康的角度出发，防治策略与技术研发趋势逐渐从单项技术向综合治理技术、可持续技术发展；加快开展生物防治剂（微生物源、植物源）技术研究；基于植物品种抗性的利用；盲目防治向基于线虫密度（检测）的防治发展；发展精准化、简便化、一体化技术；发展田间农药减量技术。

3. 杀线虫剂研发趋势 由熏蒸型向非熏蒸型发展；高毒制剂向高毒品种低毒化制剂发展；用量大且费工向用量小且简便发展；预防性向保护治疗兼备发展；一般防治剂向种衣剂发展；单剂向复合制剂、一体化制剂发展；只能在播前使用向全生育期发展。

4. 线虫综合防治 2000 年以来，线虫绿色防治得到较大的发展。松材线虫病、蔬菜根结线虫病、大豆孢囊线虫病，以及花卉、香蕉、甘蔗等线虫病的问题相继得到关注。小麦孢囊线虫病防治，最近几年在我国得到重视。

值得注意的是，特别是近 10 年时间，通过国家的农业公益科研项目、科技支撑计划、产业体系项目、“973 计划”等，植物线虫防治研究得到深入开展。有几个进展值得关注：抗线虫资源筛选与利用（大豆、番茄、小麦等），抗线虫砧木嫁接技术（番茄、茄子、一些瓜类），高效杀线虫剂的国内加工与推广（噻唑膦、棉隆）；阿维菌素的开发利用（加工生产、剂型升级、复混），生物防治剂的开发利用（淡紫拟青霉、厚垣轮枝菌、细菌等），防治的精准化、简便化、一体化技术，基于田间线虫检测的防治技术，田间农药减量技术等，为维护土壤健康做出了重要贡献。

附录

附录 A　土壤田间持水量的测定

A.1　范围

本方法适合获得土壤田间持水量的值，但这个值在应用中不是关键的。

A.2　原理

底部带孔圆筒充满泥土，加盖浸泡在水中，沥干。通过称重测定土壤持水量，105 ℃烘干至恒重再称重。

A.3　仪器

A.3.1　圆筒，体积一定，长 50～150 mm，直径 50～100 mm，底部带孔。

A.3.2　水浴锅（室温）。

A.3.3　托盘，带有一个排水孔，装有厚度 20～50 mm 湿的精石英砂。

A.3.4　烘箱，能够保持 105 ℃±2 ℃的温度。

A.3.5　天平，称重的精度为±0.01 g。

A.4　程序

用滤纸覆盖底部带孔的圆筒（A.3.1），并称重。将土壤填到圆筒中，并加盖。室温下，在水浴中浸泡圆筒 2 h 后，从水中取出圆筒放置在含沙的托盘（A.3.3）中，根据土壤类型的差异沥干 2～24 h。称带土的圆筒重，取出土，然后在 105 ℃烘干至恒重，称烘干土重。

A.5 计算

田间持水量（WHC）的计算：

$$WHC=\frac{S-T-D}{D}\times 100\%$$

式中 S——水饱和土壤＋圆筒＋滤纸的重，g；

T——毛重，即圆筒＋滤纸的重量，g；

D——土壤烘干重，g。

A.6 结果的表达

土壤田间持水量以占土壤烘干重的百分比表达。

附录 B　含有大量活性根的土壤微生物生物量的估算——预提取过程

B.1　附加试剂

B.1.1　硫酸钾溶液，c（K_2SO_4）=0.05 mol/L（8.714 g/L 超级纯硫酸钾）。

B.1.2　附加仪器。

B.1.3　离心机。

B.2　程序

取湿土（相当于 25～50 g 干土）到 250 mL 玻璃瓶中，用 100 mL硫酸钾溶液以 200 r/min 振荡预提取 20 min 后过筛（耕作土过 2 mm 孔，草地土过 3 mm 孔）。另外添加 75 mL 硫酸钾溶液（B.1.1）仔细筛洗根和小石头，当土壤中完全无根和石头时烘干称重。离心（B.2.1）土壤悬浮液，15 min，转速大约 500 g。倒掉上清液，在土壤中加入 3 滴氯仿，按照程序进行熏蒸。

B.3　评价

采用上述方法处理含有活性根的土壤对于土壤微生物生物量碳的测定非常关键。另外，此处理可降低土壤中无机氮的背景值，对于土壤微生物生物量氮的测定更容易。它也降低了测量干燥土壤中微生物生物量困难的问题，因此非常适合测量年内土壤微生物生物量碳和氮的波动。微生物生物量在此预提取过程中不会被提取出来。

附录C 实验室的试验结果

本方法在德国的11个试验室进行了重复测试。选用黄土和黑土2种耕作土壤进行试验。表1所示的结果是未熏蒸和熏蒸土壤的有机碳含量及E_C。E_C指熏蒸土壤与未熏蒸土壤提取的有机碳含量的差值。土壤微生物生物量的计算是E_C除以转换系数k_{EC}。

表1 德国实验室重复测试土壤微生物生物量的结果（熏蒸提取法）

参数	平均值（μg/g）	CV（%）	SE
黄土			
未熏蒸样品提取的碳	71	21	6.7
熏蒸样品提取的碳	207	15	7.4
E_C	136	23	9.2
黑土			
未熏蒸样品提取的碳	85	18	5.4
熏蒸样品提取的碳	265	11	7.1
E_C	180	15	8.6

注：CV为变异系数；SE为4个重复平均值的标准误；E_C为熏蒸土壤与未熏蒸土壤有机碳含量的差值。

附录D 土壤健康指标阈值

测定指标	上限/最佳范围
pH	小麦 6.3～8.5，玉米 6.5～7.5
有机质	30 g/kg
全氮	1.5 g/kg
有效磷	40 mg/kg
速效钾	150 mg/kg
交换性钙	2 000 mg/kg
交换性镁	200 mg/kg
有效铁	20 mg/kg
有效锰	30 mg/kg
有效锌	3 mg/kg
有效铜	1.8 mg/kg

参考文献

REFERENCES

鲍士旦，2011. 土壤农化分析 . 3 版 . 北京：中国农业出版社 .

陈义，1959. 中国动物图谱：环节动物 . 北京：科学出版社 .

褚海燕，王艳芬，时玉，等，2017. 土壤微生物生物地理学研究现状与发展态势 . 中国科学院院刊，32：585 - 592.

葛源，贺纪正，郑袁明，等，2006. 稳定性同位素探测技术在微生物生态学研究中的应用 . 生态学报，26（5）：1574 - 1582.

弓明钦，陈应龙，仲崇禄，1997. 菌根研究及应用 . 北京：中国林业出版社 .

郭和蓉，陈琼贤，郑少玲，等，2004. 营养型土壤改良剂对酸性土壤中磷的活化及玉米吸磷的影响 . 华南农业大学学报，25（1）：29 - 32.

郭和蓉，陈琼贤，郑少玲，等，2007. 营养型酸性土壤改良剂对氮素吸收利用的影响 . 华中农业大学学报，26（2）：191 - 194.

郭继勋，祝廷成，1997. 羊草草原土壤微生物的数量和生物量 . 生态学报，1：78 - 82.

郭丽娜，2012. 科尔沁盐渍化草地土壤生物活性及微生物多样性研究 . 沈阳：东北大学 .

郭庆华，杨维才，吴芳芳，等，2018. 高通量作物表型监测：育种和精准农业发展的加速器 . 中国科学院院刊，33：940 - 946.

郭英荣，雷平，晏雨鸿，等，2015. 江西武夷山黄岗山西北坡植物物种多样性沿海拔梯度的变化 . 生态学杂志，34：3002 - 3008.

郭玉春，林文雄，2003. 低磷胁迫下不同磷效率水稻苗期根系的生理适应性研究 . 应用生态学报，14：61 - 65.

国家林业局，2015. 中国林业统计年鉴 . 北京：中国林业出版社 .

韩丽丽，吴娟，马燕天，等，2017. 环境微生物转录组学研究进展 . 基因组与应用生物学，36（12）：5210 - 5216.

韩晓飞，高明，谢德体，等，2016. 长期保护性耕作制度下紫色土剖面无机磷变化特征．环境科学，37（6）：2284－2290.
郝占庆，于德永，杨晓明，等，2002. 长白山北坡植物群落α多样性及其随海拔梯度的变化．应用生态学报，7：785－789.
何电源，1994. 中国南方土壤肥力及栽培作物施肥．北京：科学出版社．
何红波，2005. 土壤氨基糖微生物转化与机理探讨．沈阳：中国科学院沈阳应用生态研究所．
何萍，金继运，2012. 集约化农田节肥增效理论与实践．北京：科学出版社．
何树斌，郭理想，李菁，等，2017. 丛枝菌根真菌与豆科植物共生体研究进展．草业学报，1：187－194.
何亚婷，董云社，齐玉春，等，2010. 草地生态系统土壤微生物量及其影响因子研究进展．地理科学进展，29：1350－1359.
何莹，2015. 酸性土壤调理剂对石灰性土壤无机磷转化的影响．北京：中国农业科学院．
贺纪正，葛源，2008. 土壤微生物生物地理学研究进展．生态学报，28：5571－5582.
贺纪正，陆雅海，傅伯杰，2015. 土壤生物学前沿．北京：科学出版社．
贺纪正，袁超磊，沈菊培，等，2012. 土壤宏基因组学研究方法与进展．土壤学报，49（1）：155－164.
贺金生，韩兴国，2010. 生态化学计量学：探索从个体到生态系统的统一化理论．植物生态学报，34（1）：2－6.
胡军林，2008. 主要农作物缺氮症状及防治措施．农技服务，1：43.
胡君利，李博，林先贵，等，2008. 双孢菇培养基废料对绿豆生长及AMF侵染的影响．生态与农村环境学报，24：61－65.
胡振宇，黄怀琼，刘世全，1994. 快生型花生根瘤菌株与土著性根瘤菌竞争结瘤能力的探讨．四川农业大学学报，12：12－18.
华洋林，赵继伦，潘力，2004. 嗜碱菌的特性及其应用前景．生命的化学，24：358－360.
黄健，徐芹，孙振钧，等，2006. 中国蚯蚓资源研究：Ⅰ名录及分布．中国农业大学学报，11（3）：9－20.
黄荣，孙虎威，刘尚俊，等，2012. 低磷胁迫下水稻根系的发生及生长素的响应．中国水稻科学，26：563－568.
贾仲君，2011. 稳定性同位素核酸探针技术DNA－SIP原理与应用．微生物学报，51：1585－1594.

贾仲君，蔡元锋，贠娟莉，等，2017. 单细胞、显微计数和高通量测序典型水稻土微生物组的技术比较．微生物学报，57（6）：899－919.

姜雪莲，2015. AMF 泌出物在植物基础代谢和响应磷胁迫中的作用机制研究．合肥：中国科学技术大学．

蒋柏藩，顾益初，1989. 石灰性土壤无机磷分级体系的研究．中国农业科学，22（3）：58－66.

蒋柏藩，鲁如坤，李庆逵，1979. 中国土壤磷素养分潜力概图及其说明．土壤学报，16（1）：17－21.

焦晓光，梁文举，陈利军，等，2004. 脲酶/硝化抑制剂对土壤有效态氮、微生物量氮和小麦氮吸收的影响．应用生态学报，15（10）：1903－1906.

矫威，2014. 不同改良剂对作物生长发育及酸性土壤理化性状的影响．武汉：华中农业大学．

巨晓棠，谷保静，2014. 我国农田氮肥施用现状、问题及趋势．植物营养与肥料学报，20（4）：783－795.

巨晓棠，潘家荣，刘学军，等，2003. 北京郊区冬小麦/夏玉米轮作体系中氮肥去向研究．植物营养与肥料学报，9（3）：264－270.

赖丽芳，吕军峰，郭天文，等，2009. 平衡施肥对春玉米产量和养分利用率的影响．玉米科学，17（2）：130－132.

李昂，2014. 四种土壤调理剂对酸性土壤铝毒害改良效果研究．北京：中国农业科学院．

李保国，李永涛，任图生，等，2022. 土壤采样与分析方法．北京：电子工业出版社．

李振高，骆永明，滕应，2008. 土壤与环境微生物研究法．北京：科学出版社．

廖佳丽，2012. 测土配方施肥水稻 3414 肥料效应的研究．中国农学通报，6（13）：213－218.

林先贵，2010. 土壤微生物研究原理与方法．北京：高等教育出版社．

蔺中，孙礼勇，陈昊，等，2012. 稳定性同位素探针技术在土壤功能微生物原位鉴定的应用．农业环境科学学报，31：1－6.

刘秉儒，张秀珍，胡天华，等，2013. 贺兰山不同海拔典型植被带土壤微生物多样性．生态学报，33：7211－7220.

刘驰，李家宝，芮俊鹏，等，2015. 16SrRNA 基因在微生物生态学中的应用：现状和问题．生态学报，35：1－9.

刘光崧，1996. 土壤理化分析与剖面描述．北京：中国标准出版社．

刘慧，刘景福，1999. 不同磷营养油菜品种根系形态及生理特性差异研究．植物营养与肥料学报，5：40－45.

刘静，刘洁，金海如，2012. 丛枝菌根真菌菌剂的生产及应用概述．贵州农业科学，40：79－83.

刘均霞，陆引罡，远红伟，等，2008. 玉米/大豆间作条件下作物根系对氮素的吸收利用．华北农学报，23（1）：173－175.

刘宁，何红波，解宏图，等，2011. 土壤中木质素的研究进展．土壤通报，42：991－996.

刘宁，张威，何红波，等，2010. 固相萃取-气相色谱法测定土壤中木质素．分析仪器，6：30－33.

刘润进，李晓林，2000. 丛枝菌根及其应用．北京：科学出版社．

刘爽，张兴义，2012. 不同耕作方式对黑土农田土壤水分及利用效率的影响．干旱地区农业研究，30：126－131.

刘玉槐，魏晓梦，祝贞科，等，2017. 土壤原位酶谱技术研究进展．土壤通报，48：1268－1274.

刘智蕾，2015. 丛枝菌根真菌提高水稻低温抗性机制：碳、氮代谢及植物激素的作用．长春：中国科学院东北地理与农业生态研究所．

鲁如坤，2003. 土壤磷素水平和水体环境保护．磷肥与复肥，18：4－6.

鲁如坤，时正元，2001. 退化红壤肥力障碍特征及重建措施Ⅲ. 典型地区红壤磷素积累及其环境意义．土壤（5）：227－231

吕焕哲，王凯荣，谢小立，等，2007. 有机物料对酸性红壤铝毒的缓解效应．植物营养与肥料学报，13（4）：637－641.

马挺，刘如林，2002. 嗜热菌耐热机理的研究进展．微生物学通报，29：86－89.

明凤，米国华，张福锁，等，2000. 水稻对低磷反应的基因型差异及其生理适应机制的初步研究．应用与环境生物学报，6：138－141.

秦红灵，陈安磊，盛荣，等，2018. 稻田生态系统氧化亚氮（N）排放微生物调控机制研究进展及展望．农业现代化研究，39（6）：922－929.

秦胜金，刘景双，王国平，等，2007. 三江平原不同土地利用方式下土壤磷形态的变化．环境科学，28（12）：2777－2782.

全国农业技术推广服务中心，2015. 华北小麦玉米轮作区耕地地力．北京：中国农业出版社．

全国土壤普查办公室，1998. 中国土壤. 北京：中国农业出版社.
任海，彭少麟，1999. 鼎湖山森林生态系统演替过程中的能量生态特征. 生态学报，6：817-822.
邵帅，何红波，张威，等，2017. 土壤有机质形成与来源研究进展. 吉林师范大学学报（自然科学版），38：126-130.
沈仁芳，2008. 铝在土壤-植物中的行为及植物的适应机制. 北京：科学出版社.
沈仁芳，孙波，施卫明，等，2017. 地上-地下生物协同调控与养分高效利用. 中国科学院院刊，32（6）：566-574.
沈仁芳，赵学强，2015. 土壤微生物在植物获得养分中的作用. 生态学报，35（20）：6584-6591.
沈仁芳，赵学强，2019. 酸性土壤可持续利用. 农学学报，9（3）：16-20.
沈世华，荆玉祥，2003. 中国生物固氮研究现状和展望. 科学通报，48（6）：17-22.
盛浩，周清，黄运湘，等，2015. 中国亚热带山地土壤发生特性和系统分类研究进展. 中国农学通报，5：143-149.
王凌，郜允兵，张国印，等，2020. 陆地农产品产地高风险区域识别方法及差异化处理方法：202010068932.5.2020-06-09.
王凌，刘孟朝，张国印，等，2021. 硝化抑制剂和肥料减施对减少设施菜田氮源气体排放及与微生物功能基因的互作. 华北农学报，36（2）：196-203.
徐芹，肖能文，2010. 中国陆栖蚯蚓. 北京：中国农业出版社.
杨林章，孙波，2008. 中国农田生态系统养分循环和平衡及其管理. 北京：科学出版社.
杨升辉，王素阁，于会勇，等，2014. 接种根瘤菌对夏大豆籽粒灌浆特性及品质的影响. 大豆科学，33（4）：534-540.
杨文亮，朱安宁，张佳宝，等，2012. 基于 TDLAS-bLS 方法的夏玉米农田氨挥发研究. 光谱学与光谱分析，11：3107-3111.
杨炎生，信乃诠，1995. 中国红黄壤地区农业综合发展与对策. 北京：中国农业出版社.
杨云马，孙彦铭，贾良良，等，2016. 氮肥基施深度对夏玉米产量，氮素利用及氮残留的影响. 植物营养与肥料学报，22（3）：830-837.
姚晓东，王娓，曾辉，2016. 磷脂脂肪酸法在土壤微生物群落分析中的应用. 微生物学通报，43：2086-2095.
叶桂萍，2019. 长期施肥对红壤有机碳累积的影响及其微生物机制. 北京：中国科学院大学.

叶厚专，范业成，1996. 磷石膏改良红壤的效应. 植物营养与肥料学报，2 (2)：181-185.

殷士学，2000. 淹水土壤中硝态氮异化还原为铵过程的研究. 南京：南京农业大学.

尹文英，1998. 中国土壤动物检索图鉴. 北京：科学出版社.

雍太文，杨文钰，向达兵，等，2012. 不同种植模式对作物根系生长、产量及根际土壤微生物数量的影响. 应用生态学报，23 (1)：125-132.

于飞，施卫明，2015. 近10年中国大陆主要粮食作物氮肥利用率分析. 土壤学报，52 (6)：1311-1324.

于天一，孙秀山，石程仁，等，2014. 土壤酸化危害及防治技术研究进展生态学杂志，33 (11)：3137-3143.

于兴军，于丹，卢志军，等，2005. 一个可能的植物入侵机制：入侵种通过改变入侵地土壤微生物群落影响本地种的生长. 科学通报，50：58-65.

虞伟斌，杨兴明，沈其荣，等，2010. K3解磷菌的解磷机理及其对缓冲容量的响应. 植物营养与肥料学报，16 (2)：354-361.

袁红朝，李春勇，简燕，等，2014. 稳定同位素分析技术在农田生态系统土壤碳循环中的应用. 同位素，27：170-178.

张爱媛，李淑敏，韩晓光，等，2015. 根瘤菌与钼肥配施对大豆干物质积累、分配及产量的影响. 中国农学通报，31 (21)：76-81.

张宝贵，李贵桐，1998. 土壤生物在土壤磷有效化中的作用. 土壤学报 (1)：104-111.

张福锁，马文奇，陈新平，等，2006. 养分资源综合管理理论与技术概论. 北京：中国农业大学出版社.

张福锁，王激清，张卫峰，等，2008. 中国主粮食作物肥料利用率现状与提高途径. 土壤学报，45 (5)：915-924.

张江周，李奕赞，李颖，等，2022. 土壤健康指标体系与评价方法研究进展. 土壤学报，59 (3)：603-616.

张俊伶，张江周，申建波，等，2020. 土壤健康与农业绿色发展：机遇与对策. 土壤学报，57 (4)：783-796.

张俊伶，张江周，张福锁，2021. 一种农田土壤障碍因子诊断与土壤健康培育方法：202111156432.8.2022-06-28.

张晓珂，梁文举，李琪，等，2013. 长白山森林土壤线虫：形态分类与分布格局．北京：中国农业出版社．

赵其国，1995. 我国红壤的退化问题．土壤，27（6）：281-285.

赵其国，2015. 开拓资源优势，创新研发潜力，为我国南方红壤地区社会经济发展作贡献：纪念中国科学院红壤生态实验站建站 30 周年．土壤，47（2）：197-203.

赵轻舟，王艳芬，崔骁勇，等，2018. 草地土壤微生物多样性影响因素研究进展．生态科学，37：204-212.

赵少华，宇万太，张璐，等，2004. 土壤有机磷研究进展．应用生态学报，15（11）：2189-2194.

赵学强，沈仁芳，2015. 提高铝毒胁迫下植物氮磷利用的策略分析．植物生理学报（10）：1583-1589.

郑华，欧阳志云，王效科，等，2004. 不同森林恢复类型对土壤微生物群落的影响．应用生态学报（11）：2019-2024.

郑圣先，肖剑，易国英，2005. 淹水稻田土壤条件下包膜控释肥料养分释放的动力学与数学模拟．磷肥与复肥，20（4）：8-11.

郑亚萍，郑永美，孙奎香，2011. 不同营养元素对共生固氮潜力影响的研究进展．中国农学通报，27（5）：49-52.

中华人民共和国国家统计局（NBS），中华人民共和国农业部（MOA），2010. 第一次全国污染源调查公告．（2010-02-06）[2021-03-15]. http//www.govcn/jrzg/2010-02/10/content1532174. htm.

中华人民共和国国家质量监督检验检疫总局，中国国家标准化管理委员会，2010. 实验室测定微生物过程、生物量与多样性用土壤的好氧采集、处理及贮存指南：GB/T32725—2016/ISO10381-6：2009. 北京：中国标准出版社．

中华人民共和国国家质量监督检验检疫总局，中国国家标准化管理委员会，2016. 耕地质量等级：GB/T33469—2016. 北京：中国标准出版社．

中华人民共和国国家质量监督检验检疫总局，中国国家标准化管理委员会，2017. 土壤微生物呼吸的实验室测定方法：GB/T 32720—2016/ISO16072：2002. 北京：中国标准出版社．

中华人民共和国国家质量监督检验检疫总局，中国国家标准化管理委员会，2017. 自然生态系统土壤长期定位监测指南：GB/T32740—2016. 北京：中国标准出版社．

中华人民共和国农业农村部，2019. 耕地质量调查监测技术规程：NY/T1119—2019. 北京：中国标准出版社．

周丹丹，于延庆，吴昊，等，2017. 分子伴侣 HdeA 与底物蛋白 SurA 作用机制的模拟研究 . 生物化学与生物物理进展，44：242 - 252.

周东美，王慎强，陈怀满，2000. 土壤中有机污染物：重金属复合污染的交互作用 . 土壤与环境，9（2）：143 - 145.

周汉昌，张文钊，刘毅，等，2015. 土壤团聚体 N 释放与反硝化微生物丰度和组成的关系 . 土壤学报，52（5）：194 - 202.

周冀衡，李永平，杨虹琦，等，2005. 不同基因型烟草根系分泌物对难溶性磷钾的活化效应 . 湖南农业大学学报（自然科学版），31（3）：50 - 54.

周小奇 . 2007. 放牧对内蒙古草原土壤细菌和甲烷氧化菌群落结构和多样性的影响 . 北京：中国科学院研究生院 .

朱宝国，洪亚南，张春峰，等，2015. 根瘤菌与组合菌对大豆叶部性状、干物质积累量的影响 . 中国农学通报，31（30）：92 - 95.

朱礼学，2001. 土壤 pH 及 $CaCO_3$ 在多目标地球化学调查中的研究意义 . 物探仪探计算技术，2：140 - 143.

朱瑞芬，唐凤兰，张月学，等，2012. 不同利用方式对东北羊草草地土壤微生物数量的影响 . 草地学报，20：842 - 847.

朱永官，李刚，张甘霖，等，2015. 土壤安全：从地球关键带到生态系统服务 . 地理学报，70（12）：1859 - 1869.

朱永官，沈仁芳，2022. 中国土壤微生物组 . 杭州：浙江大学出版社 .

朱永官，沈仁芳，贺纪正，等，2017. 中国土壤微生物组：进展与展望 . 中国科学院院刊，32（6）：554 - 565.

朱兆良，2000. 农田中氮肥的损失与对策 . 土壤与环境，9（1）：1 - 6.

朱兆良，2008. 中国土壤氮素研究 . 土壤学报，45：778 - 783.

朱兆良，金继运，2013. 保障我国粮食安全的肥料问题 . 植物营养与肥料学报，2013，19（2）：259 - 273.

俎千惠，王保战，郑燕，等，2014. 我国 8 个典型水稻土中产甲烷古菌群落组成的空间分异特征 . 微生物学报，54（12）：12 - 20.

Abate A R，Hung T，Mary P，et al.，2010. High - throughput injection with microfluidics using picoinjectors. Proceedings of the National Academy of Sciences of the United States of America，107（45）：19163 - 19166.

Abd - Alla M H，1994. Use of organic phosphorus by Rhizobium legumeinosarum biovarviceae phosphatases. Biology and Fertility of Soils，8（3）：216 -218.

Aber J，Mcdowell W，Nadelhoffer K，et al.，1998. Nitrogen saturation in temperate forest ecosystems. Bio Science，48：921 - 934.

Abulencia C B，Wyborski D L，Garcia J A，et al.，2006. Environmental wholegenome amplification to access microbial populations in contaminated sediments. Applied and Environmental Microbiology，72：3291 - 3301.

Achtman M，Wagner M，2008. Microbial diversity and the genetic nature of microbial species. Nature Reviews Microbiology，6：431 - 440.

Adair K L，Wratten S，Lear G，2013. Soil phosphorus depletion and shifts in plant communities change bacterial community structure in a long - term grassland management trial. Environmental Microbiology Reports，5：404 -413.

Aerts R，Chapin F，1999. The mineral nutrition of wild plants revisited：a reevaluation of processes and patterns. Advances in Ecological Research，30：1 -67.

Ame B T，Elis F B，1979. Effects of different methods of cultivation and direct drilling and disposal of straw residue：populations of earthworms. J. Soil Sci.，30：669 - 679.

Baird W B，1873. Description of some new species of Annelida and Gephyrea in the collection of the British Museum. J. Linn. Soc.，11：94 - 97.

Baird W，1869. Description of a new species of earthworm（*Megascoler diffringens*）found in north Wales. Proc. Zooi. Soc. Lond.，1869：40 - 43.

Baker G H，Barrett V J，Carter P J，et al.，1996. Method for caging earthworms for use in field experiments. Soil Biol Biochem.，28：331 - 339.

Baker G H，Barrett V J，Grey - Gardner R，et al.，1992. The life history and abundance of the introduced earthworms *Aporrectodea trapezoides* and *A. caliginosa*（Annelida：Lumbricidae）in pasture soils in the Mount Lofty Ranges，South Australia. Aust. J. Ecol.，17：177 - 188.

Baker G H，CarterP J，BarrettV J，1999. Influence of earthworms，*Aporrectodea* spp.（Lumbricidae），on pasture product in south - eastem Australia. Aust. J. Agr：Res.，50：1247 - 1257.

Beddard F E，1883. Notes on some earthworms from India. Ann. Mag. Nat. His.，12 (5)：213 - 224.

Beddard F E，1886. Descriptions of some new or little - known earthworms，together with an account of the variations in structure exhibited by *Periony ercavatus*. E. P. Proc. Zool. Soc. ： 298 - 314.

Beddard F E，1891. Abstract of some investigations into the structure of the Oligochata. Ann. Mag. Nat. His. ，7 (6)：88 - 96.

Bourne A G，1886. On Indian earthworms：part 1. prelimiminary notice of earthworms from the nilgiris and shevaroys. Proc. Zool. Soc. ：662 - 672.

Chang C H，Chen J H，2003. A new species of earthworm belonging to the genus Metaphire Sims and Easton 1972 (Oligochaeta：Megascolecidae) from southern Taiwan. Endemic Species Res. ，5：83 - 88.

Chang C H，Chen J H，2005. Three new species of octothecate Pheretimoid earthworms from Taiwan，with discussion on the biogeography of related species. Jour. Nar. His. ，39 (18)：1469 - 1482.

Chang C H，Yang K W，Wu J H，et al. ，2001. Species composition of earthworms in the main campus of national Taiwan University. Acta Zool，12：75 -81.

Chen J H，Chuang S C，2003. A new record of the bithecal megascolecid earthworm Amynthas papilio (Gates) (Oligochacta) from Taiwan. Endemic Species Research，5 (2)：89 - 94.

Chen Y，1930. On some new earthworms from Nanking，China. Sci. Rep. Natn. Cent. Univ，1：11 - 37.

Chen Y，1931. On the terrestrical Oligochae from Szechuan，with description of some new forms. Contr. Biol. Lab. Sci. Soc. Chin. Zool. ，7 (3)：117 - 171.

Chen Y，1933. A preliminary survey of the earthworms of the lower Yangtze Valley. Contr. Biol. Lab. Sci. Soc. China (Zool)，9 (6)：177 - 293.

Chen Y，1935. On a small collection of Earthworms from Hongkong. with descriptions of some new species. Bull. Fan. mem. Inst. Biol. ，6：33 - 59.

Chen Y，1936. On the terrestrial Oligochaeta from Szechuan Ⅱ. with the notes on Gate's type. Contr. Biol. Lab. Sci. Soc. China (Zool)，11 (8)：269 -306.

Chen Y，1938. Oligochaeta from Hainan，Kwangtung. Contr. Biol. Lab. Sci. Soc. China (Zool)，12 (10)：375 - 427.

Chen Y，1946. On the terrestrial Oligochaeta from Szechuan I. J. West China. Border Res. Soc. (B)，16：83 - 141.

Chuang C H，Chen J H，2002. A new record earthworms Anynthas masatakae

(Beddard) (Me gascolecidae: Oligochaeta) from Taiwan. Acta. Zool. Taiwan, 13 (2): 73-79.

Coolen M J L, Hopmans E C, Rijpstra W I C, et al., 2004. Evolution of the methane cycle in Ace Lake (Antarctica) during the Holocene: response of methanogens and methanotrophs to environmental change. Organic Geochemistry, 35 (10), 1151-1167.

Degnan P H, Ochman H, 2012. Illumina-based analysis of microbial community diversity. ISME. J, 6: 183-198.

Douche M B, 1976. Etude de I′actvitedes invertébrés épigés parairiaux. Ⅰ. Résultats généraux etgéodrilogiques (Lumbricidae Oligochaeta). Rev Ecol. Biol. Sol, 13: 261-281.

Easton E G, 1976. Taxonomy and distribution of the Meta pheretima elongata speciescomplex of Indo-Australasian earthworms (Megascolecidae: Oligochaeta). Bull. Br. Mus. Nat. Hist. (Zool.), 30: 31-51.

Easton G E, 1979. A revision of ′acaecate′ earthworms of the Pheretima group (Megascolecidae: Oligochaeta): *Archi pheretima*, *Meta pheretima*, *Plana pheretima*, Pleionogaster, and Polypheretima. Bull. Br. Mus. Nat. Hist (zool), 35 (1): 1-128.

Edwards I P, Upchurch R A, Zak D R, 2008. Isolation of fungal cellobiohydrolase I genes from sporocarps and forest soils by PCR. Appl Environ Microbiol, 74: 3481-3489.

Er G H, Whitby W A, 2003. Soil pH preferences and the influences of soil type and temperature on the survival ane growth of Aporrectodea longa (Lumbricidae). Pedobiologia, 47: 745-753.

Fang B W, 1929. Notes on a new species of Pheretima from Kwangsi, China. Sinensia Nanking, 1 (2): 15-24.

Fang B W, 1933. Notes on a small collection of earthworms from Ichang, Hupeh. Sinensia Nanking, 3 (7): 179-184.

Fraser T D, Lynch D H, Gaiero J R, et al., 2017. Quantification of bacterial non-specific acid (phoC) and alkaline (phoD) phosphatase genes in bμLk and rhizosphere soil from rganically managed soybean fields. Applied Soil cology, 111: 48-56.

Freeman C, Ostle N, Kang H, 2001. An enzymic ′latch′ on a global carbon store - A shortage of oxygen locks up carbon in peatlands by restraining a single enzyme. Nature，409 (6817)：149.

Gates G E，1926. Notes on earthworms from various places in the Province of Burma，with descrip tion of two new species. Records o fthe Indian Museum，28：141 - 170.

Gates G E，1929. A summary of the earthworms Fauna of Burma with Descriptions of Fourteen new species. Proc. U. S. Nat. Mis，75 (10)：1 - 41.

Gates G E，1930. The earthworms of Burma. I. Rec. Ind. Mus，32：257 - 356.

Gates G E，1931. The earthworms of Burma. Ⅱ. Rec. Ind. Mus，33：327 -442.

Gates G E，1932. The earthworms of Burma. I. Rec. Ind. Mus，34 (4)：357 - 549.

Gates G E，1933. The earthworms of Burma. N. Re. Ind. Mus，35：412 - 606.

Gates G E，1935a. New earthworms from China，with notes on the synonymy of some Chinese species of Drawida and Pheretima. Smithsonian Mis. coll，93 (3)：1 - 19.

Gates G E，1935b. On some Chinese earthworms. Lingnan Jour. Sci，14 (3)：445 - 457.

Gates G E，1936. The earthworms of Burma. V. Rec. Ind. Mus，38：377 - 468.

Gates G E，1939. On some species of chinese earthworms，with special reference to species collected in Szchuan by Dr. D. C. Grahan. Proc. U. S. Natn. Mus，85：405 - 507.

Gates G E，1953. On the earthworms of the Arnold Arboretum，Boston. Bulletin of the Museum of Comparative Zoology，107 (10)：501 - 534.

Gates G E，1959. On some earthworns from Taiwan. Amer. Mus. Novitates.，1941：1 - 19.

Gates G E，1961. On some Burmese and Indian earthworms of the Family Acanthodril dae. Ann. Mag. Nat. His，13 (4)：417 - 429.

Gates G E，1965. On peregrine species of the Moniligastrid earthworms genus Drawida Michaels - en1900. Ann. Mag. Nat. His，13 (8)：85 - 93.

Gates G E，1972. Burmese earthworms：an introduction to the systymatics and biology of me gadrile oligochaetes with special reference to southeast Asia. Trans. Am. Phil. Soc，62 (7)：1 - 326.

Goto S，Hatai S，1898. New or Imperfectly known species of earthworms No. 1. Anno Zool. Jap，2：65 - 78.

Goto S, Hatai S, 1899. New or Imperfectly known species of earthworms. No. 2. Anno Zool. Jap, 3: 13-24.

Heid C A, Stevens J K, Livak K J, et al., 1996. Real time quantitative PCR. Genome Research, 6 (10): 986-994.

Horst R, 1883. New species of the genus Megascolex Templeton (Perichaeta schmarda) in the collections of the Leyden museum. Notes from the Leyden Museum., 5: 182-196.

Houche M B, 1977. Stratégies lombriciennes. In: U. Lohm and T Persson, eds. Soil Organisms as Components of Ecagstem Biol. Bull. (Stockholm), 25: 122-132.

James S W, Shih H T, Chang H W, 2005. Seven new species of Amynthas (Clitellata: Megascolecidae) and new earthworm records from Taiwan. Jour. Nat. His, 39 (14): 1007-1028.

Kobayashi S, 1936. Distribution and some external Characteristics of Pheretima (Ph.) carnosa (Goto et Hatai) from Korea. Sci. Re p. Tuhoku Univ, 11: 115-138.

Kobayashi S, 1938. Earthworms of Korea. I. Sci. Rep. Tohoku Imp. Univ., 13 (2): 89-170.

Kobayashi S, 1938. Occurrence of Perionyrercavatus E. Perrier in North Formosa. Sci. Rep. Tohoku. Imp. Univ. (B), 13 (2): 201-203.

Kobayashi S, 1939. Areexamination of Pheretima yamadai Hatai, an earthworm found in Japan and China. The Science reports of the Tohoku Imperial University, Fourth Series (Biology), 14 (1): 135-139.

Kobayashi S, 1940a. Some earthworms from the South Sea Islands. Sci. Rep. Tohoki lmp. Univ. (B), 15 (1): 1-5.

Kobayashi S, 1940b. Terrestrial Oligochaeta from Manchoukuo. Sci. Rep. Tohokuo Univ, 15: 261-315.

Kobayashi S, 1941a. Earthworms of Korea. IL. Sci. Rep. Tohokulmp. Univ. (B), 16 (2): 147-156.

Kobayashi S, 1941b. On some Earthworm from the South Sea Islands Ⅱ. Sci. Rep. Tohoku Univ., 16 (4): 391-405.

Li M, Zhang J, Yang X, et al., 2021. Responses of ammonia-oxidizing microorganisms to biochar and compost amendments of heavy metals-polluted soil. Journal of Environmental Sciences，102：263 - 272.

Livak K J，Schmittgen T，2001. Analysis of relative gene expression data using real - time quantitative PCR and the 2 - ΔΔCt method. Methods，25（4）：402 - 408.

Michaelsen W，1927. Oligochaten aus Yun nan，gesammelt von Prof. F. Silvestri. Boll. Lab. Zool. Portici，21：84 - 90.

Michaelsen W，1928. Miscellanea oligochaetologiea. Arkiv For Zoologl，20（2）：1 - 15.

Michaelsen W，1929. The Oligochaeta fauna of China Lingnan Sci. J，8：157 - 166.

Michaelsen W，1931. The Oligochaeta of China. Peking Natural History Bulletin，5（2）：1 - 24.

Moebius - Clune B N，Moebius - Clune D J，Gugino B K，et al.，2016. Comprehensive assessment of soil health - the Cornell framework（Edition 3. 2）. Geneva：Cornell University.

Poly F，Monrozier L J，Bally R，2001. Improvement in the RFLP procedure for studying the diversity of nifH genes in communities of nitrogen fixers in soil. Research in Microbiology，152（1）：95 - 103.

Reynolds J W，1974. Are oligochaetes really hermaphroditic amphimictic organisms. Biologist，56：90 - 99.

Sai C F，Shen H P，Tsai S C，2004. A new glgarntic earthworm of the genus Meta phire Sims and Eston（Megascolecidae：Oligochaeta）from Taiwan with reference to evolutional trends in body size and segment numbers of the Pheretima genusgroup. Jou. Nat. His，38：877 - 887.

Saiya - Cork K R，Sinsabaugh R L，Zak D R，2002. Effects of long term nitrogen deposition on extracellμLar enzyme activity in an Acer saccharum forest soil. Soil Biology & Biochemistry，34：1309 - 1315.

Shen H P，Tsai C F，Tsai S C，2002. Description of a new earthworm belonging to the ge nus Amynthas（Oligochaeta：Megascolecidae）from Taiwan and its infraspecific variation in relation to ele vation. Ra ffles Bull. Zool，50（1）：1 - 8.

Shen H P，Tsai C F，Tsai S C，2003. Six new earthworms of the genus Amynthas（Oligochaeta：Megascolecidae）from the central Taiwan. Zool. Stud，42（4）：479 - 490.

Shih H T, Chang H W, Chen J H, 1999. A review of the earthworms (Annelida: Oligochae ta) from Taiwan. Zool. Stud, 38: 435 - 442.

Sims R W, Easton E G, 1972. A numerical revision of the earthworm genus Pheretima auct. (Megascolecidae: Oligochaeta) with the recognition of new genera and an appendix on the earthworms c lected by the Royal Society North Borneo Expedition. Biol. J. Linn. Soc, 4: 169 - 268.

Sinsabaugh R L, 2010. Phenol oxidase, peroxidase and organic matter dynamics of soil. Soil Biology & Biochemistry, 42: 391 - 404.

Sinsabaugh R L, Hill B H, Shah J J F, 2009. Ecoenzymatic stoichiometry of microbial organic nutrient acquisition in soil and sediment. Nature, 462 (7274): 795 - 1117.

Sinsabaugh R L, Lauber C L, Weintraub M N, et al., 2008. Stoichiometry of soil enzyme activity at global scale. Ecology Letters, 11: 1252 - 1264.

Tamaki H, et al., 2011. Analysis of 16S rRNA amplicon sequencing options on the Roche/454 next - generation titanium sequencing platform. PLoS One, 6: e25263.

Tolli J, King G M, 2005. Diversity and structure of bacterial chemolithotrophic communities in pine forest and agroecosystem soils. Applied and Environmental Microbiology, 71 (12): 8411 - 8418.

Tsai C F, 1964. On some Earthworms Pelonging to the Gerus Pheretima Kinberg Collected from Taipei area in North Taiwan. Quar. Jou. Taiuxn Mus, 17 (1&2) 1 - 35.

Tsai C F, Shen H P, Tsai S C, 1999. On some new species of the Pheretimoid earthworms (Oligochaeta: Megascolecidae) from Taiwan. J. Natl. Taiwan Mus, 52: 33 - 46.

Tsai C F, Shen H P, Tsai S C, 2000a. Native and exctic species of the terrestral earth worms (Oligochaet) in Taiwan with reference to northeast Asia. Zool. Stud, 39 (4): 285 - 294.

Tsai C F, Shen H P, Tsai S C, 2001. Some new earthworms of the genus Amynthas (Oli gochaeta: Megascolecidae) from Mt. Hohuan of Taiwan. Zool. Stud, 40 (4): 276 - 288.

Tsai C F, Shen H P, Tsai S C, 2002. A new athecate earthworm of the genus Amynthas Kinberg (Megascolecidae: Oligochaeta) from Taiwan with discussion on phylogeny and biogeography of the A. *illotus* species - group. J. Nat. Hist，36：757 - 765.

Tsai C F，Tsai S C，Liaw G J，2000b. Two new species of protandric Phereti-moid earth worms belonging to the genus Meta phire（Megascolecid：Oligochaeta）from Taiwan. Jour. Nat. Hist，34：1731 - 1741.

Zhang J Z，Li Y Z，Jia J Y，et al.，2023. Applicability of soil health assessment for wheat - maize cropping systems in smallholders' farmlands. Agriculture，Ecosystems and Environment，353（2023）：108558.

Zibilske L M，Bradford J M，2007. Oxygen effects on carbon，polyphenols，and nitrogen mineralization potential in soil. Soil Science Society of America Journal，71（1）：133 - 139.

图书在版编目（CIP）数据

土壤主要生物调查与土壤健康 / 王凌等主编. —北京：中国农业出版社，2023.7
（河北省第三次土壤普查系列丛书）
ISBN 978-7-109-31033-9

Ⅰ.①土… Ⅱ.①王… Ⅲ.①土壤微生物②土壤一健康 Ⅳ.①S154.3②S15

中国国家版本馆 CIP 数据核字（2023）第 154036 号

中国农业出版社出版
地址：北京市朝阳区麦子店街 18 号楼
邮编：100125
责任编辑：史佳丽　魏兆猛　黄　宇
版式设计：王　晨　　责任校对：张雯婷
印刷：中农印务有限公司
版次：2023 年 7 月第 1 版
印次：2023 年 7 月北京第 1 次印刷
发行：新华书店北京发行所
开本：880mm×1230mm　1/32
印张：7.25
字数：202 千字
定价：40.00 元